给建筑师的思想家读本

U0167468

读 维希留

[英] 约翰·阿米蒂奇 著
尚 晋 译

中国建筑工业出版社

著作权合同登记图字：01-2018-7793号

图书在版编目（CIP）数据

建筑师解读维希留／（英）约翰·阿米蒂奇著；尚晋译．—北京：中国建筑工业出版社，2019.11
（给建筑师的思想家读本）
书名原文：Virilio for Architects
ISBN 978-7-112-24502-4

Ⅰ.①建…　Ⅱ.①约…②尚…　Ⅲ.①维希留（Virilio，Paul 1932-2018）—哲学思想—影响—建筑学—研究　Ⅳ.①TU-05②B565.6

中国版本图书馆CIP数据核字（2019）第283575号

责任编辑：戚琳琳　董苏华　吴　尘　李　婧
责任校对：李欣慰

给建筑师的思想家读本
建筑师解读　维希留
[英] 约翰·阿米蒂奇　著
尚　晋　译
*
中国建筑工业出版社出版、发行（北京海淀三里河路9号）
各地新华书店、建筑书店经销
北京点击世代文化传媒有限公司制版
北京建筑工业印刷厂印刷
*
开本：880×1230毫米　1/32　印张：4⅞　字数：116 千字
2020 年 4 月第一版　2020 年 4 月第一次印刷
定价：32.00 元
ISBN 978-7-112-24502-4
（34984）

目 录

丛书编者按

亚当·沙尔（Adam Sharr）

　　建筑师通常会从哲学界和理论界的思想家那里寻找设计思想或作品批评机制。然而对于建筑师和建筑专业的学生而言，在这些思想家的著作中进行这样的寻找并非易事。对原典的语境不甚了了而贸然阅读，很可能会使人茫然不知所措，而已有的导读性著作又极少详细探讨这些原典中与建筑有关的内容。这套新颖的丛书，则以明晰、快速和准确地介绍那些曾讨论过建筑的重要思想家为目的，其中每本针对一位思想家在建筑方面的相关著述进行总结。丛书旨在阐明思想家的建筑观点在其全部研究成果中的位置，解释相关术语，以及为延伸阅读提供快速可查的指引。如果你觉得关于建筑的哲学和理论著作很难读，或仅是不知从何处开始读，那么本丛书将是你的必备指南。

　　"给建筑师的思想家读本"丛书的内容以建筑学为出发点，试图采用建筑学的解读方法，并以建筑专业读者为对象介绍各位思想家。每位思想家均有其与众不同的独特气质，于是丛书中每本的架构也相应地围绕着这种气质来进行组织。由于所探讨的均为杰出的思想家，因此所有此类简短的导读均只能涉及他们作品的一小部分，且丛书中每本的作者——均为建筑师和建筑批评家——各集中仅探讨一位在他们看来对于建筑设计与诠释意义最为重大的思想家，因此疏漏不可避免。关于每一位思想家，本丛书仅提供入门指引，并不盖棺论定，而我们希望这样能够鼓励进一步的阅读，也即激发读者的兴趣，去深入研究这些思想家的原典。

"给建筑师的思想家读本"丛书已被证明是极为成功的，探讨了多位人们耳熟能详，且对建筑设计、批评和评论产生了重要和独特影响的文化名人，他们分别是吉尔·德勒兹[1]、费利克斯·瓜塔里[2]、马丁·海德格尔[3]、露丝·伊里加雷[4]、霍米·巴巴[5]、莫里斯·梅洛-庞蒂[6]、沃尔特·本雅明[7]和皮埃尔·布迪厄。目前本丛书仍在扩充之中，将会更广泛地涉及为建筑师所关注的众多当代思想家。

亚当·沙尔目前是英国纽卡斯尔大学（University of Newcastle-upon-Tyne）的教授、亚当·沙尔建筑事务所首席建筑师，并与理查德·维斯顿（Richard Weston）共同担任剑桥大学出版社出版发行的专业期刊《建筑研究季

---

[1] 吉尔·德勒兹（Gilles Deleuze，1925—1995年），法国著名哲学家、形而上主义者，其研究在哲学、文学、电影及艺术领域均产生了深远影响。——译者注

[2] 费利克斯·瓜塔里（Félix Guattari，1930—1992年），法国精神治疗师、哲学家、符号学家，是精神分裂分析（schizoanalysis）和生态智慧（Ecosophy）理论的开创人。——译者注

[3] 马丁·海德格尔（Martin Heidegger，1889—1976年），德国著名哲学家，存在主义现象学（Existential Phenomenology）和解释哲学（Philosophical Hermeneutics）的代表人物。被广泛认为是欧洲最有影响力的哲学家之一。——译者注

[4] 露丝·伊里加雷（Luce Irigaray，1930年—），比利时裔法国著名女权运动家、哲学家、语言学家、心理语言学家、精神分析学家、社会学家、文化理论家。——译者注

[5] 霍米·巴巴（Homi，K. Bhabha，1949年—），美国著名文化理论家，现任哈佛大学英美语言文学教授及人文学科研究中心（Humanities Center）主任，其主要研究方向为后殖民主义。——译者注

[6] 莫里斯·梅洛-庞蒂（Maurice Merleau-Ponty，1908—1961年），法国著名现象学家，其著作涉及认知、艺术和政治等领域。——译者注

[7] 沃尔特·本雅明（Walter Benjamin，1892—1940年），德国著名哲学家、文化批评家，属于法兰克福学派。——译者注

刊》(*Architectural Research Quarterly*)的主编。他的著作有《海德格尔的小屋》(*Heidegger's Hut*)(MIT Press, 2006 年)和《建筑师解读海德格尔》(*Heidegger for Architects*)(Routledge, 2007 年)。此外, 他还是《失控的质量: 建筑测量标准》(*Quality out of Control: Standards for Measuring Architecture*)(Routledge, 2010 年)和《原始性: 建筑原创性的问题》(*Primitive: Original Matters in Architecture*)(Routledge, 2006 年)二书的主编之一。

致谢

　　我要向亚当·沙尔和弗兰·福德（Fran Ford）为本书智慧地编辑与支持表示感谢。衷心感谢保罗·维希留、普林斯顿建筑出版社的丹·西蒙（Dan Simon）和纽约伯纳德·屈米建筑事务所的科林·施珀尔曼（Colin Spoelman）允许我对照片进行翻印。最后，我要把最诚挚的谢意献给我的伴侣乔安妮·罗伯茨（Joanne Roberts），她的爱、睿智和理解是永恒的。

图表说明

图 1　保罗·维希留，于法国拉罗歇尔（La Rochelle）的拉尔戈阿酒吧餐厅（L'Argoat），2009 年 5 月 22 日

图 2　班莱圣贝尔纳黛特倾斜式教堂，法国讷韦尔，2006 年：西立面

图 3　班莱圣贝尔纳黛特倾斜式教堂，法国讷韦尔，2006 年：东立面

图 4　班莱圣贝尔纳黛特倾斜式教堂，法国讷韦尔，2006 年：南立面

图 5　班莱圣贝尔纳黛特倾斜式教堂，法国讷韦尔，2006 年：室内祭坛

图 6　班莱圣贝尔纳黛特倾斜式教堂，法国讷韦尔，2006 年：用挂毯装饰的混凝土墙面

图 7　班莱圣贝尔纳黛特倾斜式教堂，法国讷韦尔，2006 年：北立面

图 8　"沙丘风蚀暴露出来的瞭望哨"，出自保罗·维希留《地堡考古》（1994a: 173）

图 9　"歪斜"，出自保罗·维希留《地堡考古》（1994a: 177）

图 10　"消逝"，出自保罗·维希留《地堡考古》（1994a: 180）

图 11　伯纳德·屈米，拉维莱特公园，巴黎，法国（1982-1998 年）

图 12　彼得·莫斯 / 埃斯托（Peter Mauss/Esto）摄，拉维莱特公园，巴黎，法国（1982-1998 年）

图 1　保罗·维希留，于法国拉罗歇尔（La Rochelle）的拉尔戈阿酒吧餐厅（L'Argoat），2009 年 5 月 22 日

绪论

保罗·维希留对法国二战后思想的主要贡献在于证明了建筑相关的问题实际上是城市和军事的问题。对他而言，建筑不只是欣赏或研究的对象，它更是文化行为和文化之间干涉又充满相互批判的矛盾聚集地。在这里，地域和军事在形成相对稳定的关系的同时，亦充满了多变性。维希留的睿智在领域中可谓凤毛麟角，他的著述对建筑理论争论和建筑的创作与建造都产生了质的影响（Virilio and Parent 1997a, 1997b, 1997c）。建筑原则工作室（Architecture Principe）及其同名杂志《建筑原则》可以说是维希留诸多杰出成就之首。它不仅有法国著名建筑师克劳德·帕朗的加盟，而且还提出了"倾斜式功能"（oblique function）的理论。一个重要的建筑作品也由此问世，即位于讷韦尔（Nevers）的班莱圣贝尔纳黛特教堂（建于 1966 年，Church of Sainte-Bernadette du Banlay, Virilio and Parent 1996）。

然而，维希留并不是会采取直接行动的政治激进分子，他不会像那些虚伪的建筑思想家一样，以游行或罢工的方式来反对或支持某事。他并不信服那些所谓：有思想有知识的理性建筑师群体（以及建筑物），以及那些学术建筑刊物应当或至少具备集结、统领或动员普通民众的能力的说法，比如抵制城市空间的军事化。这是因为维希留并不相信存在所谓的普罗大众—— 一个纯粹、真实、统一的群体——也不认为存在一种可以快速解决空间分配不平等问题的手段，而这使得在未来的某个时刻能一劳永逸。维希留认为，空间本身（以及它的定义）是处在不断地辩证、纠缠与批判当中，循环往复，永远也不会有一个清晰明确的定义。由此，维希留的智慧贡献不只是揭示出城市建筑的军事化，更表明了建筑绝不可能沦为简单的军事化产物。

2　　　在维希留看来，对建筑的研究与学习需要揭示出任意时刻存在于文化中的城市和军事力量的关系，由此才能让我们得以考虑边缘或下层群体如何从支配群体手中赢得建筑空间，即使只是一个瞬间（Virilio and Brausch 1993）。这是一个巨大且复杂的过程，充满了潜在的困难与风险，而我们将在下文中对他们一一论述。如他是如何对计算机界面、虚拟空间以及现实空间的"污染"进行理论化，又是如何将这种理论化的方法付诸实践的。把关注点放在城市与军事力量的关系之上，可以为理解与思考维希留"虚拟与现实空间"的概念提供方向。

　　不过，他的思想并不是内在统一、一成不变的概念。它不能用于一步步的推演，从城市时空的统一到"过曝城市"；也不可能适用于从现实空间到虚拟空间论述的每一个章节。它是一个持续的、势必不完满的过程，永远处在反复结合与解体之中。且不谈历史中以信仰为基础而建立的，纯粹（单一）起源的哲学立场，维希留的不定性（contingent）建筑思想的重要之处在于它具有批判性的二元对立着重点。这种不定性与辩证对立的关系可以给一个不定的序列找到一个起始点，并作为一个既定的点被赋予控制调节的权利或功能——如真实空间与虚拟空间这个组合。也可以简单地举例说，维希留不会因为一个理解与感知的理论合乎时宜或时下流行，便对它产生兴趣。因为，当下的思考与回应是组成当时所有关于法国二战后建筑城市与军事发展历史相关思考的一部分。所以说，维希留同样不会对时下流行的建筑理论和实践产生多大的兴趣。相对的，他更关注的是这些事物为何在 20 世纪五六十年代或 21 世纪前十年中会呈现出当时的状态。对于维希留而言，建筑是一种我们必须加以批判甚至是纠缠与争斗的过程，由此才能对抗城市和军事之间不平等的相互作用。建筑不应当是一种我们只能解释或包裹在一个宏大理论中的静止对象。

在这个前提下，用维希留的话说，一个有智慧的建筑师，在政治上就应当是相对不活跃的。在谈论 20 世纪 90 年代智慧与理性的建筑师主题时，维希留明确地表示，那些被卷入激进的政治主义的建筑评论家，是"不合格"的。维希留如是说"一位真正有思想有智慧的人，应当是用作品说话，而不是通过一堆没有意义的观点。所以，若是认为观点是首要的，那么便是剥夺了作品说话的资格"（Virilio and Brügger 2001: 94）。

同时维希留还强调，有智慧理性的建筑师确实也会提出重要的与城市、军事和**建筑相关的**问题。这群有智慧的人，同样也会质疑"谁的城市愿景是明确可见的，而谁的又不是"等诸如此类的问题。然而更重要的是，我们必须要弄清楚，并坚决地维持以下这三个方面之间的关系以及它们之间的冲突平衡："智慧建筑师眼中所谓的政治"、"具批判性的作品"，以及"数量最庞大的诸多相关的思想本身"。若是不这么做，我们便很可能永远也无法知道，建筑学到底能为城市实现什么，到底能否真正地被运用到城市当中去。或者，我们也可能永远无法知晓，建筑学的政治意义，或仅仅只是建筑学本身到底有什么独特的能力与作用。此外，维希留还补充到，有智慧理性的建筑师们关心的不会只是建筑或其本身逐渐降低的影响力。他们同样需要关注并重视建筑与城市的"宏夜"（the Big Night，例如当代城市中消失的夜空四周的寂静）以及城市发展停滞或倒退等诸如此类的问题（例如人们通过各种形式逃离城市）。一个智慧与理性建筑师的例子直指维希留对理性与智慧作品的局限性和**相关性**的认识，同时也体现出他对建筑学及城市与军事学的投身与追求。

维希留的建筑事业

任何尝试撰写法国二战后智慧建筑综合历史的人，都会去寻觅一些典型的城市特征，使得他们可以将当时前卫的思想潮流与意识形态连接起来，而这些人往往都会不约而同地找到保罗·维希留。20世纪50年代后的战后重建，军事化的方针对现代城市的发展至关重要。而在一群对此方法颇有研究的法国建筑师中，维希留起到了关键作用。20世纪五六十年代，他以领军人物的身份出现在各种新的思想和建筑领域中。相关的主题包括：毁灭和加速、技术、运动（包括所谓政治运动及物理运动：如人在空间中的运动，物体在时间和空间里的运动——编者注）和政治的建筑研究。20世纪80年代，在结构设计、现代城市的演变、交通，以及空间的争论中，他是最坦率且最具有说服力的一位公众智慧建筑师，但同时又惜字如金。自20世纪90年代维希留名声大噪以来，他写就的颇具影响力的关于"灰色生态"（grey ecology）和"远方的城市"(the city of beyond) 的文章，以及他著作的关于临界空间（Critical Space）、全球化、移民与迁徙，以及关于"事件"的作品，使得维希留在建筑圈内外享誉全球，并获得了各界的一致认可。至今，他都被视为一位卓越的建筑学者。

维希留颇具影响的建筑论著……使他享誉全球，至今都被视为一位杰出的建筑学者

4

然而，任何对维希留建筑事业的概述，若不能体现他不曾受过正规建筑教育或是不能考虑到城市、战争和大规模毁灭的问题，就都会遭到他本人的质疑：

> "我没有受过任何建筑学的教育。我是通过质疑战争才开始发现城市问题的……我从大规模战争和城市毁灭的创伤中幸存下来。比如我曾经生活过的城市南特（Nantes），有 8000 座建筑被严重破坏甚至夷为平地。但也正是这种建筑与战争的因果关系引导着我去关注它们，以至对城市和建筑相关的主题感兴趣。"
>
> （Virilio and Limon 2001: 51）

这些陈述给维希留作品的研究者带来了特殊的困难——如何建立具体的建筑叙事、如何介绍他关于城市的建筑论著，以及如何突出他在建筑学的领域中对战争和毁灭相关研究的重要性。

奇怪的是，或许（鉴于前文提出的问题）解决这些问题的最佳途径是从维希留曾经参加过的访谈入手。因为，在 20 世纪八九十年代及后来，维希留反复利用"访谈"作为分享他思想和理论的平台。他并不是为了进行建筑解释，而是将建筑作为一种倾斜式的概念加以探讨（见第 2 章）。

维希留于 1932 年生于巴黎，从小在父母的呵护下长大。 5 他的母亲是一名出生于布莱顿的天主教徒，父亲则是一位非法移民意大利的共产主义者。背负着双重国籍，又要在这样被二战撕裂的社会环境中生活与成长，这被维希留视为是毁灭性的。维希留的家庭为了在战火中寻求庇护，而来到了位于北大西洋沿岸的大都市南特。而他却因为自己巴黎的出身，而时常感到格格不入。更加不幸的是，仅仅在维希留 15 岁时，盟军的炸弹轰炸了南特城，再次迫使他和家人不得不离开这一次的"故乡"。这些经历让维希留愈发感觉自己就是人们常说的那"战火中的婴儿"（维希留自己时常如是说）。而对于当时这位未来的城市规划和建筑师，被摧毁的大都市南特却成了他的试验场，城市的脆弱与精密成了他的首要关注点。而当盟军在1945年将法国从德国的魔爪下解放出来之后，维希留便急匆匆地逃离了南特，回到了巴黎。随后，他怀着成为彩色玻璃艺术大师的渴望进入了工艺美术学院（École des Métiers dArt）。他在二战期间对幼年经历的频繁记述，对他后来思想的形成起到了至关重要的影响。而更显著的是，这对维希留后来对建筑、城市以及军事性质的理解和思考必不可少。

而以维希留早年生活的视角来考虑，建筑研究便呈现出一种截然不同的特征。如果说维希留是法国建筑领域中前卫思想的核心，那么必定在一定程度上可以归因于他对于时下流行的、关于战争、城市、艺术，以及建筑思想独特且多元不定，甚至是有些模棱两可的洞见。皮埃尔神父（Abbé Pierre，1912-2007年）是一位法国天主教牧师，同时也是二战期间的反抗军成员，以及大众共和运动（Popular Republican Movement）的代表。而维希留作为一名虔诚的基督教徒，他与皮埃尔神父的关系，以及他那些流亡无家可归的经历，使他在50年代后拥有了对二战后法国和战后建筑的、独树一帜的视角（Oblique Angle）。维希留或许会说，与其整日盯着二战后法国的建筑，倒不如去欣赏研究二战时建造的德国"大西洋壁垒"（Atlantic Wall，希特勒下令建造的大型沿海防御工事，从挪威经法国一直延伸到西班牙）的地堡掩体或是类似领域的相关建筑。不过也正是这种军事视角，使得即使是在事业初期的维希留也得以勇敢对抗那些早已经被默许的法国文化和政治生活中的"常规"，并同时将军事化的行为与城市化之间的相互影响，以及与之相关的、即将被掩盖的各种问题呈现于从今往后的建筑面前。因此从这一背景看，维希留作为建筑思想家的重要地位与他是否接受过正统建筑教育并没有太大关系。反而更重要的，也正是他对纯粹建筑教育本身的质疑。他个人建筑作品的特征之一就是否定了欧几里得空间的两大基本方向——垂直与水平；而这些也普遍地体现在二战后法国建筑和美国现代建筑的组成当中，其中最典型的例子之一便是"摩天楼"的建筑形式。笔者将在后续的章节中展示维希留的论断：（1）从曼哈顿到马赛的现代建筑中，没有一栋不是建造于"倾斜式功能"和"地堡考古"的阴影之下的（见第 2 章）；（2）没有任何城市空间可以摆脱在虚拟空间的平面世界中的过度暴露与频繁批判（指网络世界的发达使得世界各地所有的建筑，都可以频繁地出现在虚拟世界的平台之上，接受来自世界各地人的"评头论足"——编者注）（见第 3 章）；（3）没有一座城市的夜晚不是在被迫扩充其承受极限（见第 4 章）；（4）没有一个建筑师的工作不被"灰色生态"和"远方城市"的话题所触及（见第 5 章）。

维希留作为建筑思想家的重要地位与他是否接受过正统建筑教育并没有太大关系，反而更重要的，也正是他对纯粹建筑教育本身的质疑。

二战后初期，维希留回到巴黎并开始了制作彩色玻璃的工作，然而他最终却还是选择放弃他这个最初的理想职业。因为他感到再也无法控制自己想要去解决那些城市理论与军事之间难题的愿望。更重要意义的是，这也是维希留真正参与到法国建筑形成的新运动的那些年——那是对更城市化与军事化建筑理念的倡议，也是对"城市与军事"的思考同样

6

需要更加建筑化的理念的倡议。

在与克劳德·帕朗创立**建筑原则**工作室，并担任其同名点评杂志《建筑原则》的编辑期间，维希留通过在帕朗的建筑事务所和巴黎其他地方担任讨论者、消息搜集者、作家，以及理论研究者的角色来为他自己提供经济支持。这段经历标志了他近 40 年职业生涯的起点，同时也被很多人看作是给维希留关于二战后法国建筑、城市性，以及军事性相关方面的研究和贡献奠定了必要的基础（见 Scalbert and Mostafavi 1996）。

20 世纪 60-90 年代期间，维希留先是在帕朗的建筑事务所工作，此后自 1969 年起，开始在高校迎来了事业的巅峰。他开始担任巴黎建筑学院（École Spéciale d'Architecture, ESA）的教授和课程主任，并于 1973 年成为学术研究指导主任。期间，他还一直担任《精神》（Esprit）评论杂志的重要编委。但不同于其他建筑思想家的是，维希留参与编辑的文章杂志，以及他自己的种种作品，都不仅限于在学术圈流动传播，而是在多领域有着更广泛的受众群。他的思想也确实已通过多种渠道得到了传播，如数字传播方式的《思考速度》（Penser la vitesse, Virilio and Paoli, 2009）、DVD、电视系列节目的"维希留与基特勒"（Virilio and Kittler, 2001）、西欧传统媒体的各大日报 [法国《解放报》（La Libération）、德国《日报》（Die Tageszeitung）]，还有如普林斯顿大学出版社等知名高等学府出版社（见 Virilio 1994a 和 2000b）。维希留是教师、策展人、艺术家和研究者，同时也是作家。截至当时，维希留担任编辑的作品以及他的公众影响力，已大大超越了 1975 年他担任 ESA 院长一职时所具有的声望。

值得注意的是，除在巴黎 ESA 毕生的教学工作之外，维希留还总是活跃在传统建筑学术机构之外。在 ESA 时，他与阿兰·若克斯（Alain Joxe）在人文科学院（House of the Human Sciences）创立了**和平与战略跨学科研究中心**（Interdisciplinary Center for Research into Peace and Strategic Studies），以专门教授地缘政治学；而这在 1979 年的法国是十分独一无二的职位。此后，他便撰写并相继出版了《地域的不安》（*L'Insécurité du territoire*, Virilio, 1976）和《速度与政治：论时空压缩》（*Speed & Politics: An Essay on Dromology*, Virilio, 1986）这两部著作，他们的论述也都是围绕地缘政治、军事化，以及交通和传播、新信息与通信技术革命的主题而展开的。而在后来的《反抗潮流与生态难题》（*Popular Defense and Ecological Struggles*, Virilio, 1990）中，他对当时群众反对战争的风潮进行了详细阐述，而此后，他还继续撰写了电影艺术文化效应主题的《消失的美学》（*The Aesthetics of Disappearance*, Virilio, 2009a）。维希留在《精神》《共同使命》（*Cause Commune*）和《横贯》（*Traverses*）杂志的相关工作中最突出的贡献之一，是他将自己曾经于圈内发表的建筑学研究成果和作品，都一一发表在如《异趣杂志》（*L'Autre Journal*）、《批判》（*Critique*）和《摩登时代》（*Les Temps modernes*）等各个月刊和点评类杂志当中，使得他的建筑思想和哲学课题可以触及人文、科学和艺术领域的读者。

8

    1984 年，维希留在他发表的《丢失的维度》（The Lost Dimension, Virilio 1991）中，将他的建筑研究内容与现代城市危机联系了起来（见第 3 章）。同年的《战争与电影：感知的逻辑学》（*War and Cinema: The Logistics of Perception*, Virilio 1989）则又是一篇十分典型"维希留式"的非正统性质的文章，而其论述的主题则是二战期间所使用的电影摄制技术。同样典型的还有《负地平线》(Negative Horizon, Virilio 2005b），它所研究的则是速度和政治与西方社会文化发展之间的联系。1987 年，在设备与住房部（Ministries of Equipment and Housing）和地区与交通机构（Organization of Territory and Transport）的联合倡议下，维希留以他全部的成就与贡献被法国政府授予"杰出建筑评论家"（Laureate of Architectural Critique）的荣誉称号。至于他关于视觉与成像技术的研究，则在著作《视像机器》(The Vision Machine, Virilio 1994b）中得到了延续。这本书中讨论的自动化进程不仅从后工业时代生产的角度进行了论证，更重要的是他还考虑了不同的人们对世界的感知和认识。此外同样值得提及的，是当维希留在 1989 年被举荐担任国际哲学院（International College of Philosophy）课程指导的同时，刚好正在撰写一篇名为《极惰性》(Polar Inertia, Virilio 2000c）的关于遥控技术与环境新近革命的文章。到 20 世纪 90 年代时，维希留的影响力已经超越了建筑学科甚至是其他各种界限。他所有的著作几乎都在不断再版，并被译成多达 15 种语言。1990 年维希留在 ESA 担任院长时，他还被授为塞维利亚世界博览会法国馆委员会的跨界顾问。与他一道的是著名法国学者、记者、政府官员及"媒介学"（mediology）教授（见 Debray 2004）雷吉斯·德布雷（Régis Debray）。在为《新闻周刊》(L'Express）等欧洲报纸撰写的系列时评《沙漠之屏》(Desert Screen, Virilio 2002a）中，维希留提到了关于 1990-1991 年海湾战争背后的动机，并同时强调且针砭了美国军方对战争如光速般增长的痴迷。1991 年，维希留又出任了卡昂（地名，Caen）诺曼底登陆战纪念馆（Memorial of the Battle of Normandy）科学点评专栏的学术顾问，同时还为法国国防部筹备了"城市与守护者"（The City and

9

Its Defenders）的主题巡展。维希留参与的大量文化活动以及同亨利·戈丹（Henri Gaudin）等法国建筑师的合作编辑与点评工作，使他得以摆脱纯粹建筑高等教育职业因素的束缚，与 ESA 之外更广泛的美学和政治组织建立了联系。

维希留参与的大量文化活动以及同亨利·戈丹等法国建筑师的合作编辑与点评工作，使他得以摆脱纯粹建筑高等教育职业因素的束缚，并与更广泛的美学和政治组织建立了联系……

在弱势群体住房高级委员会（High Committee for the Housing of Disadvantaged People）的经历，使得维希留在 20 世纪 90 年代的研究终于跨过他对新信息与交流通信科技的痴迷，进入到一个更高的层次。而他关于多媒体革命的《发动机的艺术》（*The Art of the Motor*, Virilio 1995）则是这个时期的一篇代表作。而真正印证这一转变的是维希留于 1997 年撰写的《开阔的天空》（*Open Sky*, Virilio 1997f）一文。其中，他描述了视角与实时（perspective & real time）、光学（Optics）与"灰色生态"（见第 5 章）相关的内容。自 1997 年从 ESA 退休后，维希留撰写的文章便开始时常选用技术与地形学（Technology & Topography）、事件、政治学战略（Politics）、策划学（Strategy），以及伪装学（Decryption）的词汇语言，来替换原本"倾斜式建筑"或"建筑原则"中关于建筑理论与时间的表达与描述（见 Virilio and Petit 1999; Virilio 2000a, 2000b, 2000d）。虽然后续章节围绕的是维希留的重要建筑思想，但若忽视使之形成的美学、政治和城市背景，就是忽视其研究方法的根本。

这本书中的许多建筑思想以及书中所提及的与政治和美学相关的著作，都不可忽视地受到了他在"意外"

10

（accident）、艺术（Art），以及感知（perception）等多个领域相关的著作的启发和指引（见 Virilio 2003a, 2007a, 2007b; Virilio and Lotringer 2005）。例如，《灾难大学》（*The University of Disaster*, Virilio 2010b）《原生地：停止驱逐》（*Native Land: Stop Eject*, Virilio and Depardon 2008）、《灰色生态》（*Grey Ecology*, Virilio 2009b）、《瞬间的未来主义：停止-弹出》（*The Futurism of the Instant:* Stop Eject, Virilio 2010a）、《大加速器》（*The Great Accelerator*, Virilio 2012）和《恐惧管理》（*The Administration of Fear*, Virilio and Richard 2012）都是在千禧年之后写成的。不过，这些著作一如既往地不以所谓的纯粹建筑为中心——甚至某些在特殊的情况下都不能成为建筑。而在这之后的内容将主要以维希留的**建筑**作品为核心来展开探讨，而不是他个人对"科技的艺术性的批判"（见 Armitage 2012: 122-7）。

维希留的著作愈发倾向于访谈的临时性和时代性，而非书籍的永恒性；他偏爱离题之作的真实存在，而非一家之言的所谓威望与虚伪呈现（Armitage 2001; Virilio and Armitage 2009, 2011; Virilio and Baj 2003; Virilio and Brausch 2011; Virilio and Lotringer 2002, 2005, 2008; Virilio and Richard 2012）。或许并非凑巧的是，维希留至今都没有对所谓全面解读他作品的两部《读本》（*Der Derian* 1998; *Redhead* 2004）和拟为他编纂的文选（Virilio 2000b, 2000d, 2002a, 2002b, 2012; Virilio and Parent 1997a）做出任何明显的反对，同样也没有表现出任何兴趣。他认为，这些论述会给他的建筑思想强加一种编造出来的统一和连贯。他偏爱访谈、短文、报纸和杂志文章，而不是学术期刊和会议论文。这种做法饱受争议，且被一些人看作是他当代理论中刻意为之的一个特点。而也是这样的方式让他得以不断补充、更新、撤回和拓展他在建筑及各领域的思想，并参与到当代问题和事件当中。而这与时俱进的做法，也使得著作一本书（更长的时间周期）变得不那么现实。

然而，对于初次接触维希留的建筑学生而言，这种思维的丰富与跳跃性会带来一系列问题。维希留的建筑思想遍布众多不同主题的刊物当中（有些只有法语版，其他的在今天无论是哪种版本都很难得），而与此同时，他又在不断补充修改¹¹重要的建筑立场，这势必为那些希望理解维希留当代建筑观点或努力跟随其最新变化的人带来了困难。《建筑师解读维希留》的一大作用之一，就是将维希留事业各个阶段形成的主要建筑思想组织、而不是统一起来。其目的是追溯这些思想的发展过程，帮助建筑学生将具体作品置于其形成的宏观建筑、思想、文化和历史的背景之下。在有条件的情况下，后四章都将按时间顺序追溯维希留对"倾斜式功能"或"地堡考古"等关键概念态度的多次转变，并以此表明什么是真正意义上"永无止境"的课题，而不是一些绝对没有变化的观点和立场。维希留对现代建筑兴起的关注，并不是为了重塑二战后法国建筑领域的本质与灵魂，也不是为了说明什么应当是现今法国建筑的样子；相反，他是为了研究现代建筑的兴起，是为了从不断新兴的知名建筑师们的文章、概念，甚至是关乎于城市未来的重要思想当中，找到那些可能丢失在这些"陈词滥调"中的重要理念。因为只有这样，才能正确地去理解维希留的事业轨迹。而这些都是将在第 5 章详细讨论的内容。

分析"倾斜"

在维希留看来,"倾斜"(Oblique)一词,用于表述一个物体时,并不是一种像教堂尖塔上的十字架那样,我们可以看见并指向的、有明确结构组成的实体。它只能通过任意特殊时刻都可以存在的一种建筑作用力之间的、我们并不熟悉的关系来理解。这就使得"倾斜"成为一个十分难以分辨并定义的概念。维希留在20世纪60年代指出,"倾斜"一词给他带来了和"建筑学"几乎同样多的问题;但当把它们放在一起时,理论和实践的问题则更会令人震惊(Virilio 1997b)。这两个词看似相互矛盾且相互独立。建筑学是设计和建造垂直与水平建筑的当代艺术和科学;而"倾斜"的建筑理念则是设计和建造具有倾斜与坡度平面的建筑的当代艺术和科学。维希留和帕朗的位于法国讷韦尔的班莱圣贝尔纳黛特教堂即是在这个理念下设计建造的倾斜式建筑;而戴维·蔡尔兹(David Childs)的美国纽约世界贸易中心一号大楼(One World Trade Center),则是典型的垂直 - 水平建筑。

而这些区别源于维希留对"倾斜"非同寻常的定义:即"倾斜式"的建筑是垂直 - 水平建筑经"乘法"后的结果。不过,在他看来,"倾斜"或"倾斜式"绝不能阐释为简单的二元"加减法",即那些循规蹈矩、被用来归类划分当代建筑的定义——垂直相对于水平、有形相对于无形、现实空间相对于虚拟空间等等(Virilio and Parent 1997a)。

要了解维希留是如何打破建筑上这种习以为常的加减法的,我们就需首先弄清为何"建筑原则"和"倾斜式功能"会成为他"第三种城市秩序"的核心思想。维希留最初的建筑研究是以担任巴黎城市规划师开始的，当时他已开始尝试对军事空间内在的潜力进行论述了。而他选择的城市和论题也都理所当然地与倾斜式的主题相契合，如"倾斜式教堂"或是"斜坡研究中心"等。这些论述也都在后来成为了他未来作品的基石，并使他至今闻名于世。所以是什么让维希留开始认真对待像倾斜式建筑这样看似无法居住且处在流动中不断变化着的东西的呢？或许更重要的问题是，我们为什么也需要这样做？为回答这些问题，本章将追溯维希留倾斜式建筑思想的发展过程：从他最初撰写的"建筑原则宣言"，到他和帕朗的重要著作《建筑原则1966和1996》（*Architecture Principe 1966 and 1996*, Virilio and Parent 1997a）与《倾斜式功能》（*The Function of the Oblique*, Virilio and Parent 1996），再到他《地堡考古》（*Bunker Archeology*, Virilio 1994a）中对"倾斜式"更透彻的分析。

二战后法国建筑、巴黎美术学院与建筑原则工作室

二战后20世纪五六十年代法国建筑发生的转变为维希留阐述倾斜式建筑的早期思想提供了一个最重要的社会文化背景。由维希政府（1940-1944年）启动的战后重建筹备工作以及现代主义"素净"形式的短暂成功，尤其是战后的地域主义（regionalism），直接见证了法国集权政府对城市和建筑建设资助的急速扩张和直接干预（Lesnikowski 1990: 32-50）。随着法国城市的重建 [勒阿弗尔（Le Havre）、马赛] 以及功能主义建筑原型和城市形式的广泛传播，20世纪50年代启动了被称为"大住宅区"（Grands Ensembles）项目的"大规模建筑委托项目"，这让法国

现代建筑师获得了举世无双的工业化建造水平。事实上，此时的施工量对于战前或战时的传统建筑师而言是无法想象的，而这一切都与巴黎美术学院是密不可分的。这所成立于 1671 年的学院不仅是当今法国最重要的建筑学院，也是 20 世纪世界同类机构中最具影响力的之一。然而它的这种核心地位却也意味着法国新思维和新建筑教育形式的匮乏以及战后普遍的思想瘫痪，法国建筑学生便成为了这种趋势的主要受害者。此外，战后建筑媒体贫乏，以及由此导致的真正意义上的现代理论学说与学术争论的发展缺陷。这些也成了法国新一代建筑师的障碍。

但即便如此，一种更新的、所谓正统现代主义理念的氛围出现在战后的法国及其原先殖民地的突尼斯、摩洛哥和阿尔及利亚中。这对曾经在巴黎美术学院受过培训的传统建筑师是一个打击。这撼动了他们身为"美术学院人"的信念，那便是对法国建筑的影响及其系统化以至于走向后装饰派艺术文化的转变，必定要由他们来完成的信念。与此同时，20世纪 50 年代，因对如勒·柯布西耶等艺术家和老一代国际现代建筑协会（Congrès International d'Architecture Moderne, 1928-1959 年）成员现代主义理想的反对而成立的"十次小组"（Team X），在一种崇尚乔治·康迪利斯（Georges Candilis）建于图卢兹的米拉伊大学（Le Mirail，于 1962 年和 1964-1977 年扩建）等那样的战后新城项目的风潮中得到了蓬勃发展。然而，像让·迪比松（Jean Dubuissoan）等拥有更为形式化和技术化的视角的人，虽与勒·柯布西耶的道路并行不悖，却也从未融合。而勒·柯布西耶本人便是上文中提到的撼动巴黎美术学院人的"因果之神"娜美西斯（Nemesis, 希腊神话中的因果报应之神——编者注），他在马赛公寓系列中延续了他的住宅设计，又终以朗香教堂（Notre-Dame-du-Haut at Ronchamp, 1950-1954 年）铸成了他个人风格的转变。

这种风格的转变，加上让·普鲁韦（Jean Prouvé）对轻质金属建筑的研究、保罗·博萨尔（Paul Bossard）对工业化的探索，以及保罗·迈蒙（Paul Maymont）和约纳·弗里德曼（Yona Friedman）的城市乌托邦，使 20 世纪 50-60 年代的维希留十分着迷，并使他以这些思想学说等为基础，在当时的《建筑原则》中发表了一系列关于城市主义（Urbanism）、建筑学（Architecture），以及法国"新粗野主义"（New Brutalism）的文章。而新粗野主义建筑即是指那些使用并特意显露粗犷质地的混凝土，并过分强调四溢交错的大块体量的建筑风格（Banham 1966; Busbea 2007; Virilio and Parent 1997a）。在这些文章中，维希留及《建筑原则》的另一位主要供稿人克劳德·帕朗，对巴黎及其他现代城市郊区的新市政建筑进行了严肃的分析，而不是像巴黎美术学院的许多传统建筑师所倾向的那样，简单地驳斥国家对建筑政策的实施。

尽管建筑原则工作室通过画家米歇尔·卡拉德（Michel Carrade）和雕塑家莫里斯·利普西（Morice Lipsi）两位成员与造型艺术运动紧密相连，并强烈渴望赢得建筑界的支持，但它在 1963 年在造型艺术（Plastic Art）界的首次亮相却依旧时常被诟病为圈子内部的组织，并不属于更宏观的美学运动。尽管这种批评不无根据，但若是片面地将建筑原则理解为由美学向建筑学的退怯，那便是误解了它的初衷。事实上，建筑原则的主要目标和贡献之一即是证明了倾斜式建筑本身就是美学。

维希留在 20 世纪五六十年代中列出了他希望将建筑学分析置于其定义的美学中心的原因：

15

建筑原则宣言将我们带入一个禁区。在那里不仅建筑的形式和材料，甚至物质实体及其技术工艺，都会遭到质疑；从而以此终结古典时代的体态范式——强加在人类运动上的静态平衡规则。

（Virilio 1997b: 7）

维希留将建筑放在首要地位是建立在对"水平"（中世纪低层建筑）和"垂直"（现代高层建筑）城市的批判上的。它最终将 20 世纪 60 年代的建筑简化为"曼哈顿的垂直秩序"（Virilio 1997c: vi）。

"推倒曼哈顿"

在"推倒曼哈顿"这样的《建筑原则》文章中（Virilio 1997c），维希留驳斥了水平和垂直城市及一种被简化的理念：即建筑应屈从于曼哈顿的垂直秩序，而以此突出建筑在城市文化中再创新的潜在作用。这篇文章考察了由工业影响力铸就的"垂直怪兽"的含义以及从战后机动车激增的美国文化背景中"寻求移动与灵活性"的状态。维希留争论的主旨在于，这些象征性的变化并没有像他期望的那样让"垂直性"消失；相反，美国社会文化开始痴迷于这种具有垂直性的超高层建筑，甚至成为超过垂直性自身趋势的全新的逻辑与规则。维希留垂直性的概念意在表达：由"在开普卡纳维拉尔（Cape Canaveral）金属火箭的发射"可以说明美国的建筑学迎来了他的瓶颈期——而这也让美国再也无法"掩盖其在处理建筑问题上的无能"（Virilio 1997c: vi）：

游牧与定居之间古老的区别似乎依然合理，仿佛一个自出生以来他们所举行的一切活动都和"机械与力学"的关系有着紧密联系，也仿佛他们因此最终能创造出一种全新的建筑。然而，以古老哥特艺术支配地位的垂直性为基础的技术革新与成就则是美国所能做的一切了。

（Virilio 1997c: vi）

通过强调游牧（不好）和定居（好）之间的区别，美国现代机械（程式）化建筑（以及一般的现代建筑）迫使人适应以至于需要技术的革新与成果，建立起垂直性的支配地位，将那些并无选择的"实验品"安置于这些"机器"当中，并使他们成为垂直性的受益者。然而事实上，这些人最多也只能算得上是过时哥特艺术的受享者罢了。维希留将这种现象称为"美国建筑的救命稻草"（Virilio 1997c: vi），进而期望通过城市规划和共同克制人类征服地球的意愿来实现"对城市彻底的重塑"。如果说美国建筑可能拥有的一个筹码是声称他们早已为我们的城市带来了大规模革新，然而，这种观点是只有在我们认可美国垂直建筑时才能接受的。维希留认为这样的观点是十分虚伪且自私自利的。技术的成果将原本的城市区域塑造成了一个全新虚幻的革新城市，却掩盖了背后深刻切严峻的现状；即这些在垂直方向上占有支配地位的高层垂直建筑，侵蚀了"建筑创作与革新的根本动力与热忱"，并也因此剥夺了人们对抗社会瓦解的可能性（同上）。

由维希留的论断就可以看出，他与那些对纽约这种典型的垂直城市的倡导者无法苟同。具有各种斜面的倾斜式建筑不仅有别于曼哈顿的垂直秩序，而且构成了他在"警言"（*Warning*, Virilio 1997g）中所述的"人类意识的新平面"。此外，在"推倒曼哈顿"的论述中，曼哈顿的垂直秩序是不宜居的：

17

纽约这个满是缺陷、令人痛苦的庞然大物是人类存在与生活过的赤裸裸的证据。水资源短缺、用电、机械化、财产与人身安全、种族隔离与差别对待、经济问题——从宏观角度考虑，这些全部都是现代世界城市的普通典型。

（Virilio 1997c: vi）

纽约无疑象征着"政治界的无能和想象力的匮乏"，以及愈发难以分辨的居住环境的特征——场所、通道、快乐和工作混为一谈，一切都被迫视为"一座'包罗万象'的神庙"。在维希留看来，曼哈顿的垂直秩序与所谓"包罗万象"之间并没有直接关系。同时，维希留呼吁"永远不要等待拓宽视野和想象"，并驳斥了"对美国青年建筑师的研究"。因此，为了"包罗万象"我们必须摒弃垂直秩序的曼哈顿，而秉承"定居的欧洲"（同上）。

简而言之，如果"美国青年建筑师"指出应当正是由曼哈顿这种"不宜居"的垂直秩序决定了现代建筑的建造与高产（居住地、住房等），维希留则会说，在欧洲，决定这种高产量与快速的建造形式的是"二战期间撕裂了城市的灾难"。如果按照这个逻辑，就必然会得到一种结论：遭受战争蹂躏的人类观念与倾斜式建筑是密不可分的；因此，不同于曼哈顿"不宜居"的垂直秩序，倾斜式建筑是处在战争、城市性与城市本身相关的争论的中心。具有垂直秩序的高层建筑的建造方式以及超高的产量，具有真正典型的"美式"文化特征，同时也有与战争类似的效果：即它会侵蚀人们对于建筑的创造力。而这也就解释清楚了维希留"推倒曼哈顿"的咒语。更重要的是，倘若倾斜式建筑没有被曼哈顿"不宜居"的垂直秩序破坏或扼杀，那么它的含义和功能就可以通过建筑本身的介入不断地建立和发展、推敲和重置。这就是为何维希留认为倾斜式建筑学对重述当时饱受战争摧残的城市的当代文化是至关重要的。然而，倾斜式建筑并不一定是种军事手段；它可以是城市对布满战争痕迹的建筑立面的、联系"混凝土庇护掩体的地下室……或是一切建筑的起源"（同上）。正如此处的描述，倾斜式建筑不是一种可以用来理解饱受战争摧残的城市与对混凝土住宅加以利用的军事手段——或者至少它不应该是；它也可以是潜在的建筑反抗阵地。维希留认为，建筑原则不应无视新的战后东倒西歪倾斜的模式，并自我欺骗地认为，纽约正在发生的不过是现代高层建筑垂死前无谓的挣扎罢了。相反，建筑原则应当也必须跻身于这泥沼中，并不断为倾斜式当下与未来的含义而奋斗。

具有垂直秩序的高层建筑的建造方式以及超高的产量，具有真正典型的"美式"文化特征，同时也有与战争类似的效果：即它会侵蚀人们对于建筑的创造力。

　　维希留在早期直接或间接地将倾斜式建筑视为城市之争的集发地，这也成了他后续所有建筑思想的基础。而最显著的或许是，它这些早期的观点奇妙地预示了他在千禧年之后，近期所发表的一些关于"当代垂直城市"（Vertical Ultra-cities）和"超级城市"（ultracity）主题的一些文章（见第 4 章）。但维希留关于倾斜式建筑思想的更直接的书面成果，却要等到 1963—1966 年的一个项目：即与帕朗一同完成并撰写的建筑研究与实践专题，其名也有时被译为"倾斜式功能"（*The Oblique Function*, 本书将使用的词语；见 Virilio 1997e），或有时则采用更明确的翻译形式"倾斜式的不寻常功能"作为同名标题（Virilio and Parent 1996; 另见 Virilio 1997e）。维希留和帕朗的核心论点如今虽已有些过时，但他们对垂直城市消亡和第三城市秩序里产生的着重论述，使得他们关于倾斜式建筑的研究与实践至今仍是有史以来众多研究中最为多样化和持久的之一。

19 "倾斜式功能"

在建筑原则（工作室）给出严肃对待倾斜式建筑的理由的同时，维希留的文章"倾斜式功能"则属于使倾斜式建筑与"人类的组成和归类"、城市化和建筑形式相结合更实用的尝试（Virilio 1997e）。该文结合了维希留在 20 世纪五六十年代任职建筑师时的经历，围绕倾斜式建筑以"极化过程"为核心论点，并以"建筑中可能存在的第三种空间"的假设作为最后的总结（同上）。这在一定程度上是对于解决"在城镇中增加住宅单体"以及"在公寓楼中增加住宅单元"这两个问题的理论与实践的一种尝试（同上）。这篇文章有一个明确的用意：即倾斜式建筑将重新定义我们对空间的理解。但倾斜式功能在 20 世纪 60 年代初是一个极具争议的思想。法国建筑评论家雅克·吕康（Jacques Lucan）精辟地概括了这一时期的学术氛围：

> 1963 年，克劳德·帕朗和保罗·维希留成立了建筑原则工作室，其目的是探寻一种新的建筑和城市秩序。在抛弃了欧几里得空间的两个基本方向的同时，宣布了"终止以垂直向为立面的轴线"、"终止以水平向为固定的平面"：推倒曼哈顿，推倒古村庄。他们以"倾斜式功能"取代了直角，并相信这会大幅度增加可用空间。他们对这一原则的说明以及附带的表意符号时常会引人发笑：水平与垂直的交叉产生加号；两条斜线的交叉产生乘号。

> （Lucan 1996: 5）

在最初的构建中，"倾斜式功能"对纽约是持批判态度的，因其代表了垂直方向空间的巅峰和所有对"达到全新形式的城市统一……（英国田园城市或卫星城市）"的失败尝试（Virilio 1997e）。这篇文章没有简单粗暴地与"空间中的垂直方向"正面对峙；与之相反，其对战后建筑讨论最重要的贡献之一在于，它是对导致垂直方向空间失败的理论的超越和更切实际的尝试。这一章中的倾斜式功能大致是作为"空间中的第三种可能"的概念来展开的，并定义了倾斜式建筑在空间中一个可以选择的位置；而这个位置既不完全垂直，也不完全水平。

维希留最令人敬佩的是他对待倾斜式建筑的态度是严肃且认真的，而不是不负责或是无知甚至是愚蠢的。这就使得"倾斜式功能"的理念可以超越早先与巴黎美术学院与现代主义有关的看法和见解，进而使倾斜式功能中对垂直和水平建筑形成的论述成为当时少数最为敏锐、犀利的分析之一。而从倾斜式建筑自身来看，"倾斜式功能"是拒绝以垂直和水平的空间方向作为衡量成败的标准的。倾斜式功能具有其特殊的优势，但它仅从水平与垂直的二元关系中未必能体现得出来。维希留认为，将倾斜功能与垂直－水平功能进行对比是毫无意义的，因为不同类型的建筑带来的是不同的空间形式。因此，他通过论证不同水平和垂直空间中的特定方向，预见了当代建筑研究中的一些关键进展。

然而，"倾斜式功能"中许多略显激进的文字，实际上是其对许多传统观念中垂直－水平建筑的理论假说提出的质疑与其之后付诸实际行动的理论重塑。尽管有观念认为水平与垂直中所有的空间方向都是理所当然正确的存在，并与此同时所有倾斜式建筑中的空间向量，都必定是失败的；而维希留依旧坚持认为，在偏袒无论是水平－垂直或是倾斜式的方向到底孰是孰非之前，以"谁"作为评判标准都是首要前提。孰成孰败的纠纷并非针对现代建筑与功能本身，而是对于它们内部之间的矛盾。而最终，也是通过在"倾斜式功能"这一篇文章中，尝试以"倾斜式功能"的概念与词句建立的一个辩证的方法，解决了在这矛盾当中孰为评判标准的问题。

21 　　如前所述，维希留将他倾斜式功能的概念置于两个更为常规的前现代和现代建筑类别之间：水平建筑和垂直建筑。"倾斜式功能"一文将水平视为一个恒定的平面。而该恒定平面的主要特征是：其一，它与"城市统一体"（Urban Unity）这种城市所具有的、被强加或被动的特质有着紧密的关系；其二，该平面与城市的这种被动特质，以及人类组成具有的可增可减的特征之间，存在直接的联系。维希留虽然认可水平建筑的重要性，但他拒绝将其浪漫化，并努力远离那些对巴黎美院和中世纪前工业化时期传统建筑的怀旧情绪。因为只有那些从未体会过前现代生活之局促与非人性条件的人，才会如此严肃地渴望并沉溺于那个时代的建筑形式。在维希留看来，水平建筑虽没有随着"工业文明成熟时的野蛮"轻易消亡，却仍旧需要倚仗现今由空间中竖直方向为主要驱动的城市特性苟延残喘（Virilio 1997e）。为否定城镇中的中世纪情怀或前工业化的幻想，他声称：

　　　　因此，奴役性的城市生活特性精神取代了反馈应性的城市生活特性。

　　　　无论他们这些生活特征如何与数量同样重要，现在都已被证明无法独自实现新模式的城市化。

　　　　假如我们不得不接受终止以垂直向为立面的轴线、终止以水平向为恒定的平面的这一专横的历史必然，并改为支持倾斜的轴线和有坡度的面；则会发现，它们实现了创造新的城市秩序的一切必要条件，并使彻底革新建筑语汇成为可能。

　　这种完全的颠倒必须以其自身来理解：建筑中可能存在的第三种空间。

（Virilio 1997e）

正如引文所示，维希留在寻求一种可以使我们不用再屈从于垂直性的城市生活特征的、即他所追求的"建筑中可能存在的第三种空间"的倾斜式的城市化新模式。尽管如此，"倾斜式功能"认为垂直建筑虽然是在战后成为主流的，但垂直建筑并非产生于水平建筑或倾斜式功能；它是"从圣堂或城堡上表现出来的"一种有缺陷却又情有可原的人性"渴求"，——换言之，是从城市"社会占有"（Social Conquest）的特征上表现出来的（Virilio 1997e）。

维希留在寻求一种使我们不必再屈从于垂直性城市生活特征的、即他所追求的"建筑中可能存在的第三种空间"的倾斜式的城市化新模式。

　　在垂直建筑正在不断向摩天大楼发展、并怀有建造空中楼阁的野心的同时，水平建筑若是想达到"倾斜式建筑"的理念，则必须要有一个从"仅关注人类聚落生活的增减性"到"考虑人类社会生活的多样性与复杂性"的转变。

讷韦尔的班莱圣贝尔纳黛特倾斜教堂（The Oblique Church Of Sainte–bernadette du Banlay, Nevers）

　　为了在倾斜式建筑的论述中阐明"倾斜式功能"和"讷韦尔工地"（The Nevers Work Site）（Virilio 1997d）中

对"水平"、"倾斜"与"垂直性"这三个关键理论类别的有效利用，我们将会用一个实例来验证。从 1963 到 1966 年，维希留和帕朗以混凝土的形式设计并建造了位于法国中部讷韦尔的班莱圣贝尔纳黛特倾斜教堂。

1858 年，使该建筑得名的圣贝尔纳黛特（玛丽·贝尔纳德·苏比鲁，Marie Bernarde Soubirous）在卢尔德（Lourdes）附近的马萨比耶勒石窟（Grotto of Massabielle）中感应了圣母的圣象，并于 1866 年在讷韦尔加入仁爱修女会（Sisters of Charity）。班莱圣贝尔纳黛特倾斜式教堂采用了军事建筑的表达方式，而这在二战期间希特勒建造的德国大西洋壁垒的地堡上表现得淋漓尽致。大西洋壁垒由纳粹德国在法国战败后于 1940 到 1944 年之间建造。该永久性的野战防御工事在欧洲大西洋海岸线上，一直由丹麦延伸至西班牙，全长 4000 多公里。如第 1 章所述，若是没有大西洋壁垒的地堡或第二次世界大战，维希留或许永远也不可能对建筑有兴趣。维希留说，"这是至关重要的"，因为令他着迷的是：

> 一场全面战争在多大程度上是一个极权空间，战争本身的组成又在多大程度上超出了其前线的组成。在第二次世界大战中，整个世界都在筹备应战，有针对空袭的防御工事，也有针对登陆的防御工事（大西洋壁垒）。

> （Virilio and Limon 2001: 52）

不过，在帕朗看来（1996: 19），地堡的建筑形式与外观是对建筑平面设计的迟到补充，且其主要的目的是为了"渲染教堂外观的戏剧性"，并同时"褪去"其形式特有的"破坏性功能"颇具军事化的表现语言。这座教堂也是维希留和帕朗在现实世界中对倾斜式功能的首次实践；它试图通过加入许多具有各种角度、斜向的平面来创造一种活跃的空间布局。作为一种对水平与垂直建筑平面的坚定回绝，维希留和帕朗"倾斜式"的平面图设计试图使平面与建筑体"流动"起来，以适应它们周围不可预测的地形与环境。因此，运动的人体与教堂之间的关联也就变成了丰富与活跃的，而不是静止与约束性的。在一定程度上，这种对各向倾斜平面的多变性的探索，引领了一种与"地堡"这样的混凝土建筑"不可动摇的厚重"完全相反的转变。而且帕朗（1996: 19）实则已经明确地表示，这座教堂的确融合了"倾斜式"的结构与"地堡形式"两种建筑理念，而原因竟是他曾和维希留二人同时尝试融入两个截然不同的设计理念，并试图将这个项目同时作为他们二人的理论验证。不过这种混凝土的地堡形式与充满生机、却被复杂地分裂开的空间相结合，确实在一定程度上表现了冷战时期那种使人畏惧的两大强权对峙与那种令人惴惴不安的僵局。事实上，虽然二战时期的这些地堡或许的确为班莱圣贝尔纳黛特倾斜教堂提供了一种建筑的表达方式，但维希留说，与军事掩体相比，这座建筑或许与防辐射掩体有更多的相似之处（Virilio and Armitage 2001b: 175）。暂不说其新粗野主义不规则的混凝土形式，以及它建造的过程中所体现出的一种敌意与空虚，班莱圣贝尔纳黛特倾斜教堂确实提供了与传统宗教建筑相比，更为安全的防御结构。如帕朗所述——见图2-图7：

24

> 这座教堂有一种咄咄逼人的形象：它不透明的混凝土外壳是防御性的，甚至刻意"排斥"了周边的环境；与此同时它又以石窟为构想，形成了一种封闭且受保护的内部环境，并向自主建造这座教堂的圣者表示敬意。
>
> （Parent 1996: 19）

图 2　班莱圣贝尔纳黛特倾斜式教堂，法国讷韦尔，2006 年: 西立面

25

图 3　班莱圣贝尔纳黛特倾斜式教堂，法国讷韦尔，2006 年: 东立面

图 4　班莱圣贝尔纳黛特倾斜式教堂，法国讷韦尔，2006 年: 南立面

图 5　班莱圣贝尔纳黛特倾斜式教堂，法国讷韦尔，2006 年: 室内祭坛

图 6　班莱圣贝尔纳黛特倾斜式教堂，法国讷韦尔，2006 年: 用挂毯装饰的混凝土墙面

图 7　班莱圣贝尔纳黛特倾斜式教堂，法国讷韦尔，2006 年: 北立面

班莱圣贝尔纳黛特倾斜式教堂是维希留和帕朗合作的"理论研究的首次实体化",同维希留描绘的"拒绝虚伪的构想与视觉化的效果带来的审美满足感"的观点如出一辙(Virilio 1997d; Armitage and Roberts 2007)。在维希留和帕朗看来,以虚构的视觉化构想作为一种审美上的满足代表了垂直建筑的技术和经济性特征。在他们那种建筑中,居所与其所在的场所之间是没有任何联系的;垂直性剥夺了我们所拥有的、与"居所-场所"相关的一切因素(Virilio 1997d: xi)。维希留和帕朗并不关心视觉效果所能带来的那种心里满足,因为他们二人并没有笃信的宗教;而且,维希留和帕朗深切地体会到,若是考察其目的,以视觉效果去达到一种审美上的满足感也并不被认为是一种恰当的精神寄托。也因此,"视觉化"也只能作为一种特殊的建筑形式或表达手法,却不能代表一种对"异常空间的使用"(同上)。

相反,经过维希留和帕朗对多种理论要素的试验,班莱圣贝尔纳黛特倾斜式教堂引导他们得到一个"在全新的生存环境具象化过程中的一个全新可行的空间形式"的定义(Virilio 1997d: xi-xii)。不同于由视觉效果而得来的审美满足,班莱圣贝尔纳黛特倾斜教堂对"艺术的实现"主要象征着一种对"寻常空间"的创造,并以实验取代空想,使建筑得以在不断地运动与变化中,以及在高品质的空间中被体验(同上)。维希留与帕朗试图通过改变人们对"隔墙、屋顶、立面"等这些"地面/平面楼层的基本组成要素"的看法与态度以及它们与地面/平面楼层的连接方式,来提高人类身体对其生存环境(Habitat)与现实的敏感度,并以此来完成真正物质上有形的生活环境的替换,或个人能真切体会到的空间化(同上)。而为了使先前所提及的建造原则得以实施,维希留(1997d: xi)写道,"这种变化必须通过使用倾斜式的元素与线条来实现,且它也是迫在眉睫的，因为地面是一切要素中最不抽象且最'有用'的，而经济将不能再继续无视它"（同上）。

经过维希留和帕朗对多种理论要素的试验，班莱圣贝尔纳黛特倾斜式教堂引导他们得到一个"在将全新的生存环境具象化的过程中的一个全新可行的空间形式"的定义。

29 　　由视觉效果达到的审美满足与班莱圣贝尔纳黛特倾斜式教堂，被维希留和帕朗用来标明与水平建筑更为相似的"倾斜式功能"与死气沉沉、又通透肤浅的垂直建筑之间热议的、甚至可以说是革命性的差异。但维希留这些对传统建筑形式批判的文章并没有明确的解读那些源于垂直建造物的"满足感"到底满足在哪，或是至少对垂直性作出一些令人信服的些许肯定；如在超高层建筑物之上惊叹不已的人通常是美化了他们由视觉效果而获得的满足感。"倾斜式功能"和"讷韦尔工地"最缺少、却也最需要的，是能够全面分析这些倾斜类型的批判性语汇。

分析倾斜：地堡考古

　　在维希留《地堡考古》（Virilio 1994a）和当中（Virilio 1997a）对倾斜的分析中，倾斜式建筑看起来并不是一种解决方案（如"倾斜式功能"中的教堂设计），而是一个名副其实的争论聚集地——正如反复出现的题目的军事含义所示。一方面，在"倾斜式功能"对倾斜式建筑进行了全面细致的描述的同时，班莱圣贝尔纳黛特倾斜式教堂为这些理论提供了实际可行的证明；二者都认为倾斜式建筑具有一种内在价值。另一方面，"地堡考古"的内容则对这些不言自明、已被应用的方法提出了警告，倾斜式建筑形式在其中似乎超越了历史范畴——仿佛它们从一开始就具有某种固定不变的含义。维希留对倾斜式的理论进行了全面修改——将它的对象视为先前没有固定内容与军事斗争的阵地——而这些在二战后还在不断演进，他的这些理论一直笼罩在被判有罪的德国纳粹战犯建筑师阿尔贝特·施佩尔（Albert Speer, 1905-81 年）作品的阴影之下。

倾斜式的学说虽然代表了维希留 20 世纪 50 年代以来发表的建筑论述中最早且持续最久的主题，但直到 70 年代他才提出了更完善的倾斜式的建筑理论。该理论在一系列看似截然不同的文章中反复出现，并被不断延伸——比如《地堡考古》中的"序言"和"巨构物"（Virilio 1994a: 9-16 及 37-48）以及后来独立发表的"地堡考古"（Virilio 1997a）。而将它们全部联系在一起的是施佩尔"遗骸价值"（ruin value）概念令人不安的影响：这一思想由施佩尔在策划 1936 年夏季奥运会时提出，即建筑的设计应当使其在倾颓后留下赏心悦目的遗骸，且永远无需任何维护（Speer 2003: 89-116）。

施佩尔认为建筑学是一个关键领域，在这里关于遗骸及其价值的辩驳是永无止境的。维希留以批判性的思维理解了施佩尔的论点并辩驳道，二战期间由纳粹在西欧沿海建造的一万五千个军用地堡掩体，即大西洋壁垒，这些曾经如正襟危坐般屹立的建筑，如今早已是东倒西歪。像这样含糊不清的愉悦、这样大规模的破坏，以及这样的对于考古学家而言不知如何处置的残骸，可以说完全与具有美学与艺术性的空间没有关系。如维希留《地堡考古》（图 8-10）中的三张照片所示，这种倾斜式的建筑有"双重含意"——即这是一种具有标志性的建筑遗迹的消逝，以及它们对于本身即将逝去的军事意图与背景的一种抵抗——这也是一种双向对立的运动。

正如维希留所说，"这些工事在讲述一种未知的意义"（Virilio 1997a: xvii; 另见 Beck 2011）。

施佩尔的"遗骸价值"概念笼罩在维希留 20 世纪 70 年代关于大西洋壁垒军事地堡的、倾斜式建筑的所有论述之上。也正是这笼罩在阴影下的研究，使维希留得以超越那些主导关于施佩尔"令人惊叹的忏悔"的争论方向的历史纪录中那些所谓常识。（Virilio 1994a: 55; 另见 Sereny 1996）。在"地堡考古"的文字中，维希留以历史和政治的思维所理解的"施佩尔的思想"与"军事地堡中的倾斜式建筑"为基础，拓展并解释了那些纯粹的"历史与政治方法"的漏洞。

对那些残存的军事地堡中东倒西歪的倾斜式建筑最简洁明了的定义或是概括性的"蓝图"可以描绘为一种具有"积极肯定"的乐观形式且具有隐含象征意义的图像（Implicit symbolism Imagery），以及具有几何形式（Geometry）的物体。它可以"让人奇妙地联想到阿兹特克（Aztec）神

31

图 8 "沙丘风蚀暴露出来的瞭望哨"，出自保罗·维希留《地堡考古》（1994a: 173）

图 9 "歪斜"，出自保罗·维希留《地堡考古》(1994a: 177)

图 10 "消逝"，出自保罗·维希留《地堡考古》(1994a: 180)

庙"（Virilio 1997a: xvii）。军事地堡中东倒西歪的倾斜式建筑即是原先的直角建筑，或者说是曾经牢牢扎根在地里的坚固体块。

这是一种以物质性（Materiality）为前提的认识。维希留认为，这个定义忽略了自然界的侵蚀对这种几何学的影响，因为它与塌陷的直角与不再稳固于地里的体块联系在了一起。它将军事地堡中的倾斜式建筑与物质性、为室内采光设计的窗户，以及被视为无关紧要存在的人类混为一谈。维希留认为，这个定义的一个问题在于，它形成的是一种以当时的时代背景与建立在人类的物理比例之上的、非心理学，甚至是完全盲目的定义；它无法使人领会人类心理的天赋，以及所生存的环境是如何能"巧妙地与个人隐秘的可能性结合在一起"的（Virilio 1997a: xviii）。它无法解释许多事的前因后果；举例说，如果军事地堡中那些倾斜式东倒西歪的个体，它们被侵蚀了的几何形态与塌陷了的直角，若使用先前的敌意来理解，则限制的不仅仅会是我们对这些物体状态的理解，同时也会限制我们对地堡整个体块的理解。因为这整个建筑体块早已不是他最初那样牢牢扎根于地面的状态了，它如今是一个以自身（的重心）站立的独立整体，并也具备移动与作为一个独立个体来表达自身的能力与可能性。对此，维希留评论道，"这个建筑浮在一个失去了物质性的地球表面"（1997a: xvii）。这就意味着这些倾斜式的、如今东倒西歪的军事地堡建筑既不能被完全视为是由塌陷的直角来定义的，也不能被动地、毫无差别地由一系列不再固定于地面的"海滩巨构物"来定义。

维希留评论道"这个建筑浮在一个失去了物质性的地球表面"——这就意味着这些倾斜式的、如今东倒西歪的军事地堡建筑既不能被完全视为是由塌陷的直角来定义的，也不能被动地、毫无差别地由一系列不再固定于地面的"海滩巨构物"
来定义。

　　与这个军事地堡倾斜式的建筑定义相对的，是一个曾经
由"乡村居民"提出的定义（Virilio 1994a: 13）。这些本地
人认为军事地堡不能被简单地解读为如动物残骸一般突然凭
空出现的物体，它是一个勾起"太多噩梦"的令人恐惧的混
凝土地标。这个定义以完全想象出来的体验勾画出了军事地堡
的替代描述，且并未受到德国占领这一现实的侵染——幻想
在德国平庸的行政楼中伺机推翻盖世太保，或许对德国碉堡
的偏爱还要胜过法国农房。它将军事地堡同法国反抗军、与
反对德国占领以及被占领的实际经历和"军人的象征"联系
在一起。维希留认为这是一个对地堡建筑"有敌意"且同样
难以令人信服的观点，因为它从未脱离被德国占领的现实存
在过。维希留将二战后这些"欧洲沿海地标物的新意义"的
兴起与倾斜式的军事地堡建筑联系在了一起，并通过关注"迅
速出现的事物"来概括他是如何为了建筑的重要含义，并又
是如何以历史与地理学的方式来研究与革新、及重新定位对
军事地堡和大西洋壁垒的研究的（Virilio 1994a: 13）。例如，
维希留的地堡考古一贯驳斥一种敌对的情绪：他与同代人的
幻想之间的对立，以及他对地堡特征半宗教性的认识与同代
人对其象征性而非考古的批判之间的对立。这就意味着，虽
然在各个关键时刻军事地堡遭到了"德国占领"这一现实压
迫下的本地乡村居民的反对、抵制和抗争，但这个事实也以
同样的方式造就了一个先锋建筑的现代化以及军事化建筑灭
亡的遗址。

　　这就将我们带到了问题的核心：这两个定义的基础都是一
种与历史 - 政治相关联的敏感性，而这在某种程度上表现出倾

34

斜式的军事地堡完全不可持续的特性。在一个确定的几何形中，究竟**到底**需要多少明确的质量才能使物体牢牢扎根于地面，才能把相应的建筑看作是"倾斜式建筑"？无形的想象与有形的体验之间的差别是否取决于反对"德国占领"这个现实的程度？而这程度的分割线又要画在哪里？维希留的观点是：我们无法做到，且我们必须将倾斜式的军事地堡建筑作为"历史时间线上的不同空间"来进行分析（Virilio 1994a: 14）。在《地堡考古》中，他勉强接受了军事地堡的第三种对关系强调的定义——即倾斜式建筑处于一种连续不断且富有张力的关系当中。

在维希留看来，军事地堡的倾斜式建筑并没有一个内在固定的"遗骸价值"，同时也不能被赋予固定的内含；大西洋海滩上东倒西歪且颇为真实的倾斜式体块，相继成为建筑争论中遗迹价值的强化枢纽和退化向标。如果说军事地堡曾经只是一个普通的混凝土体块，那么，如今它却成了维希留自身思想动向的先兆，是在废弃工事世界中非军事化的沿海集结点。由此可知，如果法国农房与德国碉堡的评判标准与过程会随时间而改变，那倾斜式的军事地堡建筑的内含也一样。

所有这些处在岌岌可危之中的事情的数量，早已远远超出遗骸价值的问题。维希留关注的是对倾斜式的地堡建筑定义描述的无效性。这个描述假定文化含义是可以提前得到明确肯定的，要么是以人类存在的中立性为标识（即第一个定义提出的），要么以是乡村居民的恐惧为标识（即第二个定义提出的）。这种建筑不是任何一种中立性或恐惧的标志。它的重点并不在于地堡建筑文化含义斗争中最终的孰是孰非，而是在于它要作为一个可以使多种含意得以不断纠缠、辩证与交涉的聚集地而存在（Virilio 1994a: 14）。对维希留而言，军事地堡是多重共情，而非单一共鸣。而对此，他尝试以地堡建筑中装甲维护的入口给人的感受来证明他的看法——那仿佛是在欢迎一位期盼许久的客人（同上）。

在《地堡考古》中，维希留举了"致命的共情"的例子——冲突与战争发生的地点，同热闹与流行发生的聚集地相比，具有更强的文化象征意义："倘若战争还在进行，那它就会夺去我的生命，所以这种建筑对象是令人憎恶的"（Virilio 1994a: 14）。维希留的理论体系让他可以去挑战他自己军事地堡倾斜式建筑的概念，而这可以归因于"倾斜式"的概念定义本就是完全基于每个人不同的想象与经历的。多重共情的构想表明，对于某个特定的物体（mass）或是其文化含义，并不存在一个明确且永恒的"专属"于它的倾斜式建筑形式或是标志。相对地，战争与建筑对象之间的纠葛，倚仗的是能否被成功赋予"令人反感的"倾斜式建筑的多重共情，而这种共情是必须要建立在"纠缠"的文化含义之纽带之上，而非"纠缠"的非现实物体与想象之上。

多重共情的概念赋予地堡建筑的不确定性，并不是说每个关于地堡建筑的假设都是有同等意义和价值的。相反，它是指正是通过对地堡建筑的分析过程，才使得组成关于这种建筑的假设的集合得以存在。举例说明，就好像人将斜向的作用力应用于"防风"措施的这个过程。这也是为什么维希留相信我们每个人在这种形式的建筑中，都有相应对文化造成影响的权重的原因。因此对他而言，"地堡建筑不具有可继承性的遗骸价值或是军事化的战争意义"的说法，并不是一个可以令人坦然接受的结论。如果这种结论意味着没有什么项目或争辩能够为我们或敌人概括倾斜式的地堡建筑，那它也说明了这里必然会有要辨识和争论的观点。说"不存在关于地堡建筑这一主题的确定观点"，不是说应该放弃在这一主题上的投入；而正相反，正是这种缺失使得我们在争辩中"选

36

择自己观点"的过程变得至关重要。

正如《地堡考古》所讲的，这些拥有倾斜形式的物体、近乎对地堡建筑并不是我们可以简单地将其定义或描述直接肯定接受或否认丢弃的、就好像它们从一开始就包含着某些永恒既定的，以及与战争或后继替代性的遗骸价值有关的意义和价值那样的物体。

　　所有这些对于维希留的一个观点都有重要意义：即为何我们应该去接纳而不是攻击军事地堡的建筑形式。要寻找维希留（借助施佩尔）所谓的地堡中的永恒内含，就是对其建筑提供一种非历史的、不言自明的观点——它无法与其审美、军事、视觉和共情暗示相关联。正如《地堡考古》所讲，这些拥有倾斜形式的物体、近乎对地堡建筑完全复制的这些物体，并不是我们可以简单地将其定义或描述直接肯定接受或否认丢弃的、就好像它们从一开始就包含着某些永恒既定的、与战争或后继替代性的遗骸价值有关的意义和价值那样的**物体**。相反，当面对地堡时，我们需要给我们对潜在的危险的感受划分时期——将它们插入到历史时代当中，并辨别出相对平静的时期。在那些时期中，不仅军事地堡有固定内含，而且倾斜式建筑也与这种在海滩上突然出现的物体之间保持着相对平和的关系。然后我们便通过如关注地堡的某一特定部分的变化等手段，尝试确定具有决定性的时刻——在这一时刻，所有事物之间的各种关系将重新调整与更替。简言之，即是说任何地堡建筑在变化中的定义都必定也是灵活的。

　　若是按照维希留所说的，倾斜式的军事地堡建筑是一个真实的、不断明晰和争辩遗骸价值的过程，这也就是他为何如此认真对待军事地堡的原因。这个过程使得审美、军事、视觉和共情之间的相互干预成为可能。维希留希望可以通过揭示各种令人不安的关系，即通过对专家们的反对和抵抗，以及无时无刻不支配着军事地堡的倾斜式建筑的厚重混凝土墙之间的矛盾，来转换"体量"（Mass）和"运动"（Movement）的搭配——尽管是有条件的。他在陈述自己的观点时是十分小心翼翼的。考虑到地堡如今荒废锈蚀的状态（使得对其"纯粹"的评估难以实现），不仅是因为这种转换的机会非常有限且控制严密，而且在零和博弈的想法中，以维希留的分析模型去取代其他模型来进行的分析，很容易使我们回到维希留曾经反对的那种倾斜式的军事地堡建筑中历史 -政治的模型当中。不过尽管如此，维希留的建筑思想核心策略之一促使他在二战后的特定时刻，依旧义无反顾地投入到军事地堡的钻研中。

由此，《地堡考古》就不只是将地堡建筑作为理论问题进行探索的尝试，它还是对建筑空间、运动以及与"远方的城市"相关的事件（见第 5 章）等这些问题的早期探索。维希留（1994a: 15）提出，正是这种"压迫感"（Crushing Feeling）让军事地堡在 20 世纪 70 年代中期成了极其令人不安的一个建筑类型，而当他游走在地堡群中去感受它们时，那种感觉则变得愈发强烈：

> 各式各样的容量对于一般的活动、对于真实人体的移动来说都过于狭小；感觉像整个建筑都压在来访者的肩上一样。就像一件略小的衣服既碍手脚又裹得紧，钢筋混凝土和钢围合体在武器的压迫下显得过于紧小，并让人达到近乎病态的半瘫痪状态。

38

> （Virilio 1994a: 15-16）

维希留在这里的论断是，地堡建筑是必须要通过感受而非描述来理解的东西。

也因此，维希留的建筑论著中并不存在一个包罗万象的倾斜式的"理论"。他的观点随着他自己所参与的特定历史时刻而不断转变。比如，在 20 世纪五六十年代二战后的氛围中，维希留呼吁更多地关注像大西洋壁垒那样被边缘化的、具有倾斜式功能的场所。然而在 20 世纪 70 年代，他便开始质问，如倾斜式军事地堡建筑这样的拥有倾斜式功能的建筑，是否已经可以作为一种无关紧要的事物融入人类的生存当中去了。即使它实际上是以一种"插入"的方式，突然出现在沙滩之上，并暴露出一种军事地堡建筑的环境特有的、不切实际的潜在灾难性的期望。这样观点的变化并非自相矛盾，也不代表维希留的建筑思想是错误的：相反，它们反而完美地诠释了他的理论（如前文概括）——倾斜式的地堡建筑所具有的这种在不断进行中的、军事功能与布局的不断消逝以及对于这种消逝的抵抗的特征，不仅是一种双向的可能性，而且也没有永恒唯一的立场和定位。

本章对维希留理论化倾斜式建筑最有影响的一些努力成果按时间顺序进行了大致的评价。虽然维希留在较早的著作中倾向于将倾斜式建筑视为一种被赋予特定意义的物体，但 20 世纪 70 年代以来他又论述分析了这一类型的必要性，尤其是军事地堡的考古研究，并将其视为"不同历史时期的空间"。在这种分析的社会历史背景中，倾斜式的概念成了在海滩上突然出现的地堡建筑以及其在既定历史时刻逐渐消失之间，审美、军事、视觉和共情之间相互辩驳争论的场所。地堡建筑的形式是各种令人不安的关系之间不断辩驳与对峙的聚集地，而它们之间的关系也不是事先就预定好的。事实上，我们将在下一章阐述，在维希留看来，建筑不单单是混凝土军事地堡的问题，它还是空间、物质和材料之间批判性与临界性关系的问题。

临界空间

　　第 2 章开篇深入讨论了维希留倾斜式建筑的最初论述，并涉及他开始研究"临界空间"所依赖的事物与理论的几何，以及与它们相关的评论。他将"临界空间"视为三维空间统一性概念的危机（Virilio 1991）。本章将追溯 20 世纪 80 年代兴起的关于临界空间的重要理论之争，那时维希留在法国设备与住房部部长罗歇·基约（Roger Quilliot）的要求下开始了他建筑学的专项研究。

　　维希留在那段时间所撰写的两篇文章，对于他的研究和法国临界空间概念的后续解读具有尤为重要的影响：即"过曝城市"（The Overexposed City, Virilio 1991: 9–28）和"未必建筑"（Improbable Architecture, Virilio 1991: 69–100）。这两篇文章共同建立起一个重要的思维框架，并可以借此为本书其他部分提供维希留的建筑思想背景。它们揭示出维希留关于临界空间的早期概念，以及他加入建筑原则工作室之后的探索过程。此外，它们还追溯了维希留的理论由"空间是一个统一的整体"到"空间是处于不断被撕裂的过程当中"的转变过程中，在相关争辩中不断继承与抛弃的前因后果（Virilio and Armitage 2001a: 24）。这些文章批判地考察了20 世纪 80 年代通常意义上人们对空间边界的理解——它们是通过作者所谓"现实空间/虚拟空间的剥离"来实现的。最后，它们试图通过维希留对法裔美国数学家伯努瓦·曼德尔布罗特（Benoît B. Mandelbrot, 1924-2010 年）著作的借鉴来超越这种二元对立的局限。伯努瓦推崇分形几何（Fractal

Geometry），并于 1982 年发现了曼德尔布罗集（Mandelbrot Set）。

1984 年以法语《临界空间》（*L'Espace critique*, 1991 年以英语《丢失的维度》）发表的"过曝城市"和"未必建筑"撰写于一个被认为是关于空间的批判性研究最有影响力的时期：后现代时期（参见 Mallgrave and Goodman 2011：89-158）。虽然每篇文章都有不同的重点——分别是被媒介化的大都市的概念，和对建构（Architectonic）形式的认知——它们之间并非因果关系，而是并列关系。因为它们之间有很重要的重叠与重复内容，不分主次。

关于维希留临界空间概念的起源

在谈到维希留临界空间概念的起源时，他曾说过我们"必须将它视为我 1968 年在 [巴黎 ESA] 建筑专业学院学生的正式要求下，加入该校的直接产物"（Virilio and Armitage 2001a：24）。如果说维希留建筑学分析的建立标志着他在开创这一领域的过程中历史 -思维的转折点，那么维希留也强调了临界空间事实上是从别处兴起的，即是从更早的建筑运动（例如，在建筑原则）中，以及从他后来在 1974 年担任系列丛书《临界空间》编辑期间所积累的经验中。其中就有最初由加利莱（Galilée）出版的乔治·珀雷克（Georges Perec）的《空间的种类及杂议》（*Species of Space and Other Pieces,* 1997）。在维希留之前的建筑研究形成一种直接结果的同时，他所谓后来新的成就与领悟——"建筑师创作的基本元料（prima materia）不是物质、砖石和混凝土，而应当是空间本身"；即他领悟了，世上存在一种或多种多元的空间，而这些空间，必须优先于物质与材料被构建出来（Virilio and Armitage 2001a: 24）。

维希留临界空间的概念包含"空间自身会面临批判与争议的情况"的看法，就像"人们会对不同的时代产生各种富有争议的看法一样"。因此，维希留认为空间正处在"威胁当中"："不仅物质受到威胁，空间也在遭到破坏"（Virilio and Armitage 2001a: 24）。这一概念不仅使我们了解了他早期的建筑论述；还承载着孕育他那些与临界空间概念相关的**感受**。其独到之处在于，维希留的贡献是为脱离古代和现代建立的对建筑空间的既定理解，也就是为脱离那些与"长、宽、高"这三个空间维度相关的传统建筑思想提供了基础。

尤其重要的是，这种空间的临界概念给维希留的研究带来的是一种"建筑性"相对更弱的陈述，即它与传统意义上"建筑中所表现的材料与物质（砖、石或混凝土）等"的关系并没有那么密切。维希留在一次访谈中表示，"临界空间"描述了理解空间的一种特定方式。而这种方式表达了今天以及未来当中，实体意义（Physical Meaning）、维度价值（Dimensional Value）、空间状况（Spatial Situation）以及时间（Time）这些常规概念所表达出的特定的强烈灾难预示（Virilio and Armitage 2001a: 24）。这种表述蕴含的是一种维希留提出以供人们思考的特别的、或许是支离破碎的空间理论：临界空间**描述**了处于威胁当中的含意（Threatened Meaning）和已被破坏的感知（Destroyed Feeling）。此外，这些被抹除的空间表达和感受可以追溯到 20 世纪 60 年代，而非 80 年代。维希留关于"空间的统一性曾经作为勒·柯布西耶、建筑电讯派（Archigram），以及在某种意义上我们所有人对空间理解与感知的基础，如今却在被瓦解"的洞见，自此成了他关于当代空间研究立场的主旨。这个立场是由维希留先前对信息空间（cyberspace）体验的强烈负面"预示"所延伸出来的，

42

即现代空间就是"丢失的维度"的一种形式。威廉·吉布森（William Gibson）的科幻小说《神经漫游者》（Neuromancer，1984 年）宣称创造了"信息空间"一词。该书与维希留的《丢失的维度》于同年出版，而这本小说主张将 20 世纪 80 年代的作品归类为"现实空间"的研究，而现实空间即是指当下正在进行当中的社会和历史现实的实况（Virilio and Armitage 2001a: 24；另见 Lefebvre 1991 和 Foucault 1986）。

维希留关于"空间的统一性曾经作为勒·柯布西耶、建筑电讯派，以及在某种意义上我们所有人对空间理解与感知的基础，如今却在被瓦解"的洞见，自此成了他关于当代空间研究立场的主旨。

43 对现实空间的投入最能体现维希留作品的内涵，尤其是他 20 世纪 50 至 80 年代的建筑研究。维希留在建筑原则工作室的著作，以及他第一个重要概念"倾斜式功能"无疑在逻辑上是着眼于现实空间的。比如，倾斜式功能必定是会优先考虑每一个人类个体对空间最真实的需求——即倾斜式建筑中个体由"疲劳（上升）到愉悦（下降）的向量"——而这是远在没有追求、没有任何倾向的无关紧要的水平-垂直建筑之上的（尤其见 Parent 1997a, 1997b: xi, 1997c）。然而，维希留的主要观点——当代空间是可以用来讨论"丢失的"长、宽、高三个空间维度被掩盖意义的**生动形象的阐述**。而这个观点也体现出他"基督教-人文主义"的信仰，也因此他的观点开始逐渐被人们诟病——不仅是威廉·吉布森，还有 20 世纪 80 年代许多其他建筑学者。

  此后，维希留 20 世纪 80 年代的研究为法国建筑探索带来了新的理论观点和动力。而这一转变是由 1985-1990 年期间出现的一套新的建筑理论体系的刺激促成的。这个新的理论体系的重点放在了"虚拟空间"而非信息空间之上。而"虚拟空间"这个词通常用是指计算机生成或模拟出来的建筑空间。它既不是对现实空间环境的复制,也不是另一种创造,它与"现实生活"没有任何关系(见 Mandour 2010)。

20 世纪 80 年代往往被认为标志着建筑研究的关注点由现实向虚拟空间的转移,二者之间(在当时和现在都)没有便捷的通道。维希留《丢失的维度》是他对虚拟空间可能存在的缺陷发起的猛烈批判。这本书源于一场更大的思想争论,其中,维希留对现实空间的全心投入直指虚拟空间的核心定义;对他而言,当下正在发生的三维空间的内在关系早就已经开始在向虚拟空间不断退化。除此之外,虚拟空间的概念通过对现实生活空间性首要地位的质疑以及对模拟建筑空间的正面认可,也或多或少地威胁着维希留理想化或简化的概念。在 20 世纪 80 年代从事临界空间研究,往往需要在面对这两种理论范式时选择其一,但即使如此,维希留还是说,"这两种方法"最终也都会"合二为一"(Virilio and Armitage 2001a: 24)。

44

"过曝城市"

在"过曝城市"中,维希留给出了关于现实空间 / 虚拟空间分离最尖锐、也是最有影响力的一个论述。这篇文章的价值在于它拒绝不假思索地接受虚拟空间的概念,并同时揭示了这一观点本身的不足。维希留的目标是阐述并认可现实与虚拟空间的局限,以及它们之间的差别能够带来对空间及其内部关系之间辩证且具有批判性的两种截然不同的思考方式。

"过曝城市"开篇详细论述了当代城市的隔墙、分区和内部边界，以此阐明实体空间的现实性（Reality）与虚拟空间的临时性（Temporality）之间最显著的一个差别：

> 从这一时刻起，连续性不再在空间中瓦解，至少不是在城市地块中有形的空间中……由此刻开始，连续性在时间中被断裂开来：在这种时间中，先进的技术和工业的改造要不断地因为关闭厂房、失业[和]临时工等一系列中断因素去重新调整与继续……
>
> （Virilio 1991: 11）

简言之，现实空间是以生活体验、人实体的空间感受，以及人与空间的关系的连续性为优先重点，并以此种连续性作为建筑的基本组成区块与城市社会文化变革的**原动力（Agents）**的。相应地，虚拟空间则是以生活体验、实体空间感受，以及人与空间关系的间歇性为优先重点，而这也正是因为受到了新信息与通信技术以及工业重组的影响而得到的社会文化与城市的现状。维希留认为，生活体验和人实体空间的感受及与其的关系如今已是通过技术和工业来实现的。这利用了他最具影响力之一的一个理论假设：即空间正在处于消失当中，先进技术不单是在重组整个工业，相反地，它甚至还在组织甚至使城市环境变得**杂乱无序**，以至于街区与邻里之间的关系彻底且永久衰退，甚至毁坏至消失。

在维希留看来，现实空间受到虚拟空间出现的强烈冲击。不过，他的文章拒绝采用对现实空间／虚拟空间分离的简化解读，因为这两种空间形式就好像是两个互不相干而又具有内在联系的两个时刻。正如"现实空间"对于维希留多样化的作品而言是不恰当的标签一样，因此在这里我们或许更应当以更多元（Plural）而非单一（Singular）的方式去理解虚拟空间。虽然今天我们接触到的虚拟空间的概念更倾向于是一种即使不是完全统一、也是在逐渐趋于完整的理论概念，但一定要记住的是，当维希留接触虚拟空间的概念时，它还只是一个新兴的构想和许多相似的观点立场。

虚拟空间的界面

"过曝城市"将虚拟空间分解为一系列具有代表性的实例，这些实例以边界（Boudary）、电子假昼（Electronic Faults-day），以及表面（Surface）这三个概念的重要性为核心，为维希留在他的研究中邂逅的虚拟空间提供了佐证。随后，他进一步区分了边界和电子假昼，将这些与虚拟空间的界面以及"表面新的科学定义"联系在一起，而后，他又以这些为基础，将它们与虚拟空间对现实空间的"污染"（Contamination）联系起来（Virilio 1991: 12-17）。

边界与电子假昼的概念表达了维希留在研究过程中与虚拟空间的最初接触。对他来说，边界在立面和其所朝向的街区上已经历数次变化："从街区与建筑边界的栅栏到虚拟世界边界的屏幕，边界-表面以石墙壁垒的方式记载了无数可察觉和难以察觉的变化，而其中最近的或许就是虚拟空间界面的变化了"（Virilio 1991: 12）。与此同时，在电子假昼的时代，"曾经城门的打开宣示着昼夜的更迭，如今却是百叶窗和电视的开启在唤醒着我们"（同上：14）。这种由技术工业性向日常生活延伸的通路，即以生活方式及特征作为通路与入径系统的、延伸至生活的"平面"（Surface），即是维希留所谓"虚拟空间的界面"（Interface of Virtual Space）（同上：12-13）。46

维希留提出"天文学家在太阳历中为摇曳的烛光和电灯又增加了一个白昼；而这白昼确是电子世界虚构出来的，它只会出现在与现实世界时间无论如何也全无任何关系的信息'代偿'（commutation）的日历之上"（Virilio 1991: 14）。虚拟空间界面对他很重要的原因之一是因为它揭示出了空间与时序之间的关系。而这种关系使维希留得以通过时间的方式去思考正在发生中的"现实空间的污染"这件事，而这件事很可能会瞬间暴露在任何节点的一个全新的时空（Space-Time）当中。维希留在"过曝城市"中指出，对现实空间的钻研容易因为对当下空间体验与时间周期的投入与赞同，而忽略了电脑界面当中"即时"（Instant）的类别；而在虚拟空间中，即时性或当下的时刻，不仅仅是核心概念，更加重要、也更基础的现实是计算机屏幕本身，这个可以显示内容的实体"支撑-平面"（同上）。简言之，对于维希留来说，就如同电影屏幕一样，时间的流动是被投射在计算机屏幕这个表面之上的。

维希留提出"天文学家在太阳历中为摇曳的烛光和电灯又增加了一个白昼；而白昼确是电子世界虚构出来的，它只会出现在与现实世界时间无论如何也全无任何关系的信息'代偿'的日历之上"。

　　因此，维希留转而以即时的临时性或时间频率的概念去重新同时思考并尝试理解虚拟空间，以及将当下现实的空间性被污染的虚拟映像（Reflections）。虽然维希留曾在20世纪50到70年代反对被污染的水平-垂直建筑及其表面（见第2章），但在20世纪80年代，他的论著开始越来越多的转向由电视屏幕和计算机界面造成的污染问题之上；他在那里发现了更多被污染的空间维度，而那在他看来"已经同污染的传播速度密不可分了"（Virilio 1991: 14）。时间通过打破场所与时间统一的形式对现实空间进行污染，在一定程度上是维希留对"过曝城市"中探讨的关于时间的各种理论持反对观点的基础。如该文中的叙述,在那些"过曝城市"中,大都市早已"消失在……先进科学技术的临时性当中"(同上)。然而,维希留从来也不是对"时间污染现实空间"的纯粹批判家(Virilio and Armitage 2001a: 24);他更倾向于一种双向的辩证与批判,即同时思考并批判"现实物质空间与时间的污染",以及"在被污染的同时正在进行着的自我修复与重组"。这种双向的辩证批判在批判污染的同时,也在不断地自我质疑及超越那些过去的因虚拟空间的到来而形成的对污染的不良预感。

如果说先进技术和存取(通路与入境)系统不再对应 19、20 世纪世界中的城市及城市特征,而是代替它们决定了它们的位置和暂时的意义,那么由此,在维希留看来,这就意味着现实空间正在被计算机简化为区区一个时刻表。而现实世界当中作为通往虚拟世界空间的实体关卡:水平和 / 或垂直城市,也早已经退化消失成为音像的安全协议、用户监视系统,以及许多瞬时时刻组成的虚拟领域。而这些都已经改变了人们日常问候和相互接待的形式。这些重要的观点在 20 世纪80 年代通过维希留虚拟空间污染现实空间,以及表面的概念的论著得到了细致稳健的发展。

虚拟空间对现实空间的污染

维希留通过表面的全新科学定义描述了虚拟空间对现实空间的污染:"表面作为两个环境之间的界面",他写道,"被一种在两个紧邻的场景之间持续不断地来回交换的活动所控制;例如,以计算机屏幕为表现的、电脑所表现出的"世界""(Virilio 1991: 17)。如果说,电子假昼和边界是维希留在 20

世纪 80 年代形成的关于虚拟空间污染现实空间最初的两个概念，那么"表面"的这个新的科学定义"证明了，污染如今正在发挥作用"："'边界，或叫限制面'已变为一种如吸墨垫似的渗透膜"（同上）。维希留在"过曝城市"等文章中对虚拟空间污染现实空间的批判性解读，为他关于边界或限制面概念变化的建筑思想的探究提供了一个更加明确直观的研究方式。而这个方式即是，尝试在虚拟空间的"代偿"和现实空间的污染之间，建立一种批判性的对话。

维希留在"过曝城市"中争辩道，表面不仅包含了即时（Instant）的概念，同时还包含了代偿、替代、替换，以及事物之间或之内互换的思想。通过这种转换的过程，可以让我们感受到一种强烈彻底的分离与孤立感，一种"必要的交汇点、持续不断的活动转换、不停歇的交换活动，以及在两种环境和场景之间的来回调动"（Virilio 1991: 17）。他认为，我们当下的时空体验是彻底分离的——因它发生在技术代偿与非物质化的边界当中，且它们也同时影响、调节着我们当下的时空体验。这也正是维希留所谓："这种空间的入口隐藏在最难以察觉的标题当中"（同上，应当是指通过电脑屏幕上可点击的标题，进入到一种虚拟世界当中，并能获得一种实在的时空感受的特殊的那个标题——编者注）。通过将即时作为以无形边界为基础的代偿系统的一部分，维希留强调了电视屏幕或计算机界面的即时性及其作为"隐秘的透明、无厚之厚、无量之量，以及难以察觉的数量"的特征（同上）。在即时的世界里没有真正的实体现实，曾经"在视觉上不存在的存在了"，而"最遥远的距离也再不会妨碍感知"。先进技术的存取（通路与入境）系统以及电视和计算机化的实践表明，我们**必须**以一种完全独立的方式生活在现实时空的条件中，就像最大的地球物理学范围会收缩、并越来越集中那样。界面的即时就像屏幕的技术一样，基本上是以**一切早已存在**为基础和既定事实的前提下运行，并通过即时传播的直接性来提供一个具象化的画面。在维希留看来，即时传播在居住空间中有最突出的体现；它看似自然，但事实上它代表了我们日常起居室的一个彻头彻尾的改变：它变成了一个连接全球的广播工作室，世界上的各个事物都早已存在于其中。

维希留的论述不是说已经不再有任何现实的时空。他的关键贡献之一就是揭示了卫星的即时性与电视屏幕或计算机界面的窗口，是如何通过给每个观众带来另一个白昼的阳光，以及遥远地点的"存在"来发挥作用的（即在同一时刻地球另一个地方白天的人和事——编者注）；他将这称为我们"突兀的监禁"，它"将近乎所有的一切事物都恰好带到一个特定的'地点'，没有现实定位的地点（Location no Location）"（Virilio 1991: 17-18）。换言之，并不存在任何一处未被这些我们看似普遍、随处可及的远程定位（Telescope Localization）、位置与处境（Position），以及电视直播事件（Televised events）所污染的现实时空。在这些被污染的时空当中，地点可以根据人的意愿随意切换。而这也意味着，普遍（ubiquity）的即时性与无处不在（omnipresent）的时效性，已经成为矛盾集中发生的斗争**阵地**，而不是可以随意忽视或抛弃的单一空间或时间当中的差异。

与此同时，恰恰是即时性的普遍性这个作为纠缠与斗争的阵地的概念，是维希留试图详细阐述的。并且在他看来，是它形成了关于表面的新科学定义，即"单一界面的无界邦（atopia）"（Virilio 1991: 18）——一个看似没有地域与时间限制的领域，彼与此维度之间的物理差别在这里被摧毁。表面和虚拟空间对现实空间的污染的新的科学定义的一大好处在于，它让维希留能够详细阐述表面的定义，并将我们的时空体验视为**"速度距离"**（speed distance，同上）的一个效果，而非时空距离；不是对现实空间的反思，而是一种完全互相独立的关系。此外，维希留对表面新定义的思考还包含剔除了物理维度概念的速度距离的思想。当然，这也就将我们对时间和物理量度的感受简化为对虚拟空间的速度的感受。这种观点为彻底消除虚拟空间污染现实空间进行积极的努力创造了一些空间。所以，尽管维希留之前对现实空间的投入钻研，把重点放在人类与时空的**紧密性关系**和人类在实体环境当中的外形与表现之上；但他对虚拟空间污染现实空间的全新探索与投入，突出了人类时空从城市实体环境中**独立疏远（Alienation）与消失（Disappearance）**的决定作用。所以，维希留在此对表面新定义的思考引导着他去强调电信通信技术的飞速发展以及即时性的决定作用。他认为，对这个定义的关注触发的不仅是对虚拟空间污染现实空间的深思，还有对"一种新型聚集形式的考察：无居之居（Domiciliation without domiciles）的聚集，在这里房产的边界、墙体和栅栏不再代表永久的实体障碍"（Virilio 1991: 18）。在维希留看来，在对表面科学定义强调的同时，也必须充分注重中断系统（System of Interruption），虚拟空间对现实空间的污染，以及污染中挥发性的副产物（Emissions）——这些同等重要的事物可能会使电子隐蔽区（Electronic Shadow Zone）中的人类时空机能以及时空之间的相互干涉被迫妥协。作为个体，我们在表面新定义中或许看起来不过就是被动的组成部分；但中断（Interruption）、机能（Agency）、介入（Intervention）、抵御（Resistance）和争斗（Struggle）的潜力仍在，即使这个主题在维希留的著作中尚未展开。

在过曝城市中重新定义时间与场所统一的尝试

前文概括的思想引导维希留提出了一个重要的问题。如果对"过曝城市"的世界来说，引入一个充斥着视像技术（监视摄像头、电影图像等）且看似无场所的领域是十分必要的，那么假如没有距离、隐藏因素、不透明性和邻近性，那么这座无门之城中的电视屏幕、计算机界面的领域，以及与其相关的消失过程，又是从何而来的？（Virilio 1991: 19）维希留在这里提出的问题针对的是愈发压迫人的技术环境与我们逃离的欲望之间的关系。这源于我们在这个现实世界不断被虚拟空间污染的时代中，对恢复各种感受及自我感知的尝试；并表达出从空间上逃离的可能、从时间上逃离的不可能性，以及我们当代充满幻想的、飞向技术革新的"未来之旅"变得愈发明显的即时性特征。即时科技对维希留来说十分重要，因为在过曝城市中寻求重新定义时间与场所统一的难题要通过它来解决，而且也是在即时科技当中，"欠曝城市"（Underexposed City）中时间与场所传统意义上的统一，如今才得以与大众传播手段的结构承受力发生了直接对抗。这种时空之间的纠缠与争斗总是不平等的。因为今天的即时性科技——以它们的表达和交流模式、当中的媒体技术（Media Techniques）、特殊效果（Special Effect）、难以察觉的秩序（In-perceivable Orders），以及非物质的构成（Immaterial Configuration）——这些明显比那些因人而异的建筑科技、与居所、量度和知识有关的技术，以及时空的文化组织所有加在一起都还有更高的影响。尽管如此，这个难题也绝不是单方面的。即时科技不仅涉及常规建筑科技与技术的消亡，或按照"表面"的新科学定义的暗示所建立的组织协调时间与空间的特有文化模式；而且同时也有关于要如何在欠曝城市

51

中，根据大众媒体的结构逻辑来对时间与场所进行统一的重建（Virilio 1991: 22）。

即时科技对于维希留十分重要，因为在过曝城市中寻求重新定义时间与场所统一的难题要通过它来解决，而且也是在即时性科技当中，"欠曝城市"中时间与场所传统意义上的统一如今才得以与大众传播手段的结构承受力发生了直接对抗。

维希留的理论有两个重要结果。第一，他的理论再次引入并强调了艰难维持可给予我们材料的真实质感与丰富感受的、那些建造的基本要素的重要意义——墙壁、门槛、楼层，都小心翼翼地各归其位。第二，这个理论为维希留将非物质性视为对现实空间污染因素的质疑提供了支持——而这对他来说也象征着图像和讯息也已经与无定位性和不稳定性联系在一起的现状。这一点维希留在"过曝城市"中进行了证明，其第一个后果就是"在科学与理性化的建筑与城市的原则中组织并建造的一个持久的地理和政治空间"，而"第二个后果是他无序地排列并扰乱了时空以及社会的内在秩序"（Virilio 1991: 22）。在这个语境下，显然这些即时和非物质的后果并不是预先刻板或随机决定的，它们体现出的是一种不平衡的时空特定性及自身明确的社会文化相关性。但维希留解释道，其中的"要点"并不在于"提出一种让有形与形而上相对立的摩尼教式（Manichaean，摩尼教起源于公元后三世纪的波斯帝国，即现在的伊朗；这个教派主张以严格的灵性自我否定来释放被囚禁在物质世界当中的灵魂——编者注）论断"，而是"尝试在各种先进技术令人不安的协作中把握当代，尤其是城市建筑的状态"（同上）。维希留以此挑战了建筑构造（architectonics）和城市正在"进步"和"发展"的观点，进而揭示了"建筑师的局限性":当今建筑自身"日益内向,并成为一种机械的展厅、科学技术的博物馆——而这些科技产物衍生于工业**机械主义**(Machinism)、交通革命和所谓的'对空间的征服'"。

维希留指出,当代建筑的闭门造车和技术化及其表现、功能、建造和内在关系皆与建筑师如何参与到城市、技术和空间性之间的纠葛与难题当中,有着内在的联系:

> 城市的发展作为经典科技的温室,通过在各个空间方向上的投射,不断刺激着建筑数量的激增。凭借与农耕社会完全相对的方式,使人口不断聚集并极大地增加了城市社会环境当中垂直方向上的人口密度。此后,这些先进的科技通过轻率且所谓包罗万象的方式,对建筑以及相关的事物,尤其是对通常意义上的交通手段,进行了大幅扩张,并以此来延续这种独特的"优势"。
>
> (Virilio 1991: 23)

维希留在这里论述的思路对于如何思考先锋技术和城市、建筑、消亡、时间、信息、通信和现实,以及如何重建他先前为超越表面的新科学定义对现实空间的钻研与投入,都具有重要意义。维希留先前对现实空间的钻研,即他对人类特有的与空间的关系或对人类在实践中的**活动**的重视,为问题化与批判性的思考"虚拟空间污染现实空间"的问题,提供了一个非常有益的视角。不过,维希留并没有收回早先对现实空间钻研的观点;他仍然深信过曝城市的世界和我们对其空虚的感受,如今是通过电视和计算机化的操作来构建的,而且他也拒绝接受那种感受和体验,因为他认为那些不过是即时科技控制结构的总和。

在"过曝城市"中,维希留最终揭示出为何他早先对现

53

实空间的钻研与被污染的虚拟空间的范式本身都是不恰当的。他的结论并没有对这两种现有范式提出简单易懂的综合叙述。相反，维希留通过引用伯努瓦·曼德尔布罗特既不属于现实空间、也不属于虚拟空间的，而是与二者都有重要关联的著作，来推进他的思想研究。

已剥离的现实空间 / 虚拟空间的重新组合

虽然在时间顺序上曼德尔布罗特关于虚拟空间和新的分形几何（New Geometry of Fractals）的论著出现在表面的新科学定义之前（曼德尔布罗特事实上影响了这个概念的形成），但它对维希留思想的影响却表现为相反的顺序。在"形态学的爆发"（Morphological Irruption, Virilio 1991: 53-4, 55-6, 61, 66）和"丢失的维度"（Virilio 1991: 104, 109-10, 113）中，曼德尔布罗特将关于"物理维度概念的解构"以及"统一的三维空间瓦解"的观点，被作为重新组合而不是消解分离的现实空间 / 虚拟空间手段，同时这些手段也分别揭示出这两种空间的局限。

曼德尔布罗特出生在波兰，拥有法国与美国的双重国籍。这位数学家的分形几何会帮助我们在不规则的自然世界中发现特殊有规律的式样。他拥有的罕见且卓越的成就使得这个几乎成为我们日常生活不可或缺的一部分的数学理论，以他的名字命名：曼德尔布罗特集。曼德尔布罗特有一种高瞻远瞩、不因循守旧的思路。他利用计算机的能力详细阐述了一种可以应用于诸多学科的几何学，其意图在于体现自然界的复杂性。在《大自然的分形几何学》（Fractal Geometry of Nature）开篇，曼德尔布罗特问道：

为什么几何学往往被描述成"冰冷"和"枯燥"的？原因之一在于它无法描述云彩、高山、海岸线或树木的形状。云彩不是球形，高山不是锥形，海岸线不是圆形，而树皮并不光滑，闪电也并不走直线……这些图案的存在激发着我们去研究那些被欧几里得（Euclid）斥为"无形"（formless）的形式，去考察"无定形"（amorphous）的形态学（Morphology）。

（Mandelbrot 1982: 1）

他建立的方法帮助解释了我们所实在观察到的自然，并由此拓宽我们的思维。我们生存的世界中并没有欧几里得几何学中常见的，具有天然光滑的边缘和规则的形状的锥形、圆形、球形和直线；与之相反，这些形状边缘粗糙、褶皱、凹凸不平。曼德尔布罗特用"分形"来特指自然中那些凹凸不平的数学形状，其结构在无穷的尺度上都是相似的。分形几何提出了一种探究"越是将事物放大看上去就越复杂的现象"的、条理清晰的方法论，而这个方法论所形成的图像本身，即可以是魅力无穷的源泉。

虽然曼德尔布罗特的著作对维希留的早期著作产生了影响，但维希留却是在他自己《丢失的维度》中，为他自己 20 世纪 80 年代的研究与作品找到了解读曼德尔布罗特的系统方式。曼德尔布罗的思想对于缺少高度发达的数学、视觉和几何感的人有如天书。这在一定程度上是因为曼德尔布罗特 1980 年 3 月 1 日在纽约州北约克敦海茨（Yorktown Heights）的 IBM 托马斯·沃森研究中心（Thomas J. Watson Research Center）对其集合最初的可视化，是以 20 世纪初加斯顿·朱利娅（Gaston Julia）、亨利·庞加莱（Henri Poincaré）和皮埃尔·法图（Pierre Fatou）等法国先锋数学家的高等数

55

学为基础的，他们对复杂的现实和想象数字的世界进行了探索（即悬于存在与不存在之间的对象；见 Verhulst 2012）。维希留敬仰曼德尔布罗特论述的原因之一是它们对理解物理维度的概念的辅助作用（见 Virilio 1991: 53-4）。这种实用性特征源于曼德尔布罗特可以将他的思想准确地与特定直觉中的概念所契合的能力，而这个能力是最适合处理与解决算数与物体之间关系的这类问题的。曼德尔布罗特对于即时性科技的构成当中显而易见的物理实体的维度有着更加倾向于实用、主观，却又理智与现实的论述。而这使得维希留能对我们在虚拟空间的急速洪流当中逐渐瓦解的自我逐渐被它所取代的现实，以及对这种愈发快节奏状况的屈服，提出质疑与争论。而除此之外，曼德尔布罗特将物理维度作为即时性科技世界中、具有功能性的、**主观**过程的概念，让维希留能坚持以一种极为犀利的方式去思考现实空间和人类在时空中专属的机能，继而也是我们不致陷入对现实或物质空间幼稚的辩护中——在那种空间里，我们完全没有虚拟空间的一切束缚。

对虚拟空间污染现实空间以及与即时科技相关的表面的新科学定义的屈从，会削弱"争论速度距离"和"反对物理维度消失"的可能性。而这种可能性对于维希留质疑物理维度的消失是至关重要的，且它还在物理对象的合并（或解体）与观察者的抗拒（或不抗拒）之间保持这一种持续不断的张力。继而，这种张力表明了、不断持续在城市、技术和空间对象与其观察者之间的、持续的协调与反动，而不是在即时科技的讯息与视觉幻象之间，由通信手段的速度直接施加的"物"。正是因为通过曼德尔布罗特，维希留的建筑研究才得以同时讨论表面的新科学定义以及虚拟空间作为某种意义上消亡手段的局限性。当我们在下两章详细考察维希留对虚拟空间的争论时，就会发现现实空间和虚拟空间都没有得到忠实的再现。而在这里有十分重要的一点是，维希留在反对虚拟空间的同时，依旧可以将其应用于现实空间。

接收（Reception）与感知（Perception）的突然混淆，56 由物质向光的转化

维希留的"过曝城市"和"未必建筑"从没有打算要对20世纪80年代法国建筑的形势走向作出代表性的论述。同时代的其他人则对推动与总统瓦莱里·吉斯卡尔·德斯坦（Valéry Giscard d'Estaing）或弗朗索瓦·密特朗（François Mitterrand）相关的理论和实践的"总统项目"更感兴趣——例如，他们"渴望在巴黎创造一系列重要的公共建筑，并以此建立这座城市文化社会交流的新基础，而这还可以刺激法国建筑开拓新的愿景和创造力"，比如约翰·冯·施普雷克尔森（Johan von Spreckelsen）的拉德芳斯新凯旋门（Grande Arche de la Défense）或贝聿铭的卢浮宫博物馆改造（见 Lesnikowski 1990: 44-5）。维希留将这些形形色色的项目和公共建筑比作"从电影放映机接收到的图像与对建筑构造形式的感知之间的突然混淆"。而这种比喻"明确指出这种'面对面'与'表面'的概念转变的重要性"，并以这种转变为界面的出现让路（Virilio 1991: 69）。这种接收与感知之间突然混淆的概念也表达出特殊的建筑理论与社会背景，尽管这个背景愈发电影化。而在这个建筑大环境下，上文中概括的物质性（Materiality）与非物质性（Immateriality）的抽象理论得以进一步展开和实践。

以"物质"（Matter）作为示例。这从维希留的建筑研究来看，"不再等同于它所伪装的事物"（现实空间），因为"这

种物质是'光'（虚拟空间）"（Virilio 1991: 69）。维希留的
光之物（Mater as Light）是时间 -空间 -技术的时刻。在这
一时刻中，光与它的放射过程在即时的投影成像中，形成了**接
收**而非**感知**。被计算机屏幕加速图像的光所迷惑的我们，选择
接受当今互联网全球数据库可展示的一切，而不是从关于我
们自身每天形象生动的日常生活中去观察什么。这种物质的
表达形式标示出一种接收 -感知的危机。维希留指出，物质向
光的持续转化对他的建筑研究早已产生了重要的影响。事实
上，从这一点开始就出现了关于表现形式的基本特性的问题，
这些问题为他关于感知和接收的建筑论著，提供了一种与"构
造形式 -图像"在当代先进文化中正在兴起的传播方式的新关
联（Virilio 1991: 70）。维希留在这里对自己建筑研究与"接
收与感知"的当代文化之间的关联的强调，巩固并突出了他
研究中的一个核心目标和方向：即尝试去理解如"一只统观万
物、无处不在的眼睛"一般，"全部不约而同发生的回应"的
创造过程（同上）。

57

　　对维希留来说，接收 -感知的危机是物质向光转化的最初
信号，而他的建筑研究自此也越来越关注 20 世纪 80 年代中
期的电影技术和技艺的即时性作用。摄影、多重叠加图像、快
动作和慢动作摄影，以及同时将所接收到的图像加在感知上
的做法，都有助于对两个观点的质疑。其一，是一种将物质
性本身，或是建筑当中富有表现力的物体作为物质文化体现
或物质空间实体的观点；其二，是一种历史唯物主义的、将无
知作为一切事物，包括"意义、维度、时间、历史"，甚至是
"空间与社会文化转变起因"的根本的观点。这种观点是由文
化批判家瓦尔特·本杰明（Walter Benjamin）所提出的（见
Benjamin 1971 和 Elliott 2010）。技术革命继电影革命之后
强调了关注意识层面上，对更广泛意义的社会文化与建筑结

构的感知需求。而在这种感知的意识层面基础上，流行艺术实体的物质化体验是需要通过艺术与科学或虚拟空间之间的相互渗透建立起来的。因此，理论不只是维希留建筑研究中的一个抽象问题。它对于理解当代文化中与物理维度相关的宏观历史－物质、空间－时间和电影－技术的转换是十分有益的。当然，其中一个重要的转换是欧洲 15 世纪（quattrocento）的思考方式的持续消亡，而与此相关的是使 15 世纪之后的艺术家们，得以从一个特定的位置投映与记录对世界的再现的科学技术发展。维希留在他建筑研究的理论发展中已更概括性地强调到，面临危险的不仅是从整体到分形维度的转移，还有从感知向接受的转移（Virilio 1991: 71）。

对维希留而言，这个接收－感知的危机是物质向光转化的最初 58
信号，而他的建筑研究自此也越来越关注 20 世纪 80 年代中期电影技术和技艺的即时性作用。

　　时空与科技的激变连同物质向光的转化，一同对 20 世纪 80 年代维希留的整个研究实践产生了影响。正当本杰明驳斥了建筑至关重要的遮风避雨功能的同时也遮挡了人们的视线时，维希留离开了他建筑构造的研究——并"不再从抵抗、材料和现象的语域当中运作与思考"——转而建立个人的研究课题，并围绕即时科技新秩序的详细思考而展开（Virilio 1991: 71）。维希留的建筑研究代表了一种推动理论**实践**上的一种彻底而非凡的尝试。这种尝试所相关的建筑大背景之下的科技问题，或许同本杰明的理论当中延续至今的、由科技的不断再生产而形成的、多重且复杂的表达与理解方式而形成的谵妄相比，更容易抵制与反抗。在"未必建筑"中，维希留讨论的工业技术不仅是批量制造物的大量复制或是照片图像的不断再版：

> 我们正在见证物质维度数量的突然增长。本杰明十分担心艺术"美"的工业化会是暗室技术可怕的结果，"而这种后果所加倍甚至加剧的（科学）真理的工业化"的电影序列，却显然没有让这位哲学家的内心产生一丝波澜。
>
> （Virilio 1991: 72）

在"未必建筑"中，维希留将重点放在当代住宅上，因为它正发展为信息城市单纯的技术交叉点或接收"节点"（Nodal Point）（Virilio 1991: 72-3）。这个极具影响力的论述因此批判并推动了最初由本杰明在 20 世纪 30 年代列入议程的一些关键问题：办公室与家之间的关系、电子信息学（tele-informatics）的发展、大都市定栖行为的衰落，以及建筑的结构（关于维希留对本雅明批判的典型性延伸，可见维希留对办公楼作为屏幕的讨论，Virilio 1991: 73-4）。

那么，显然在维希留的建筑研究中从来没有所谓"临界空间"的统一概念或分支学科，而关于空间和技术、即时性、表现和消失的多样性往往是大异其趣的研究课题。维希留是最早挑战以电视屏幕或计算机界面作为建成三维空间的"转译"的双重维度概念的人之一。事实上，维希留不仅指出了计算机屏幕界面对家庭空间体量的取代，而且还指出，"新的布置方式或多或少都指引了使用者去选择远距离事物的替代品"（Virilio 1991: 73）。但他对这种"变异"（transmutation）的早期认可将他置于理论的边缘位置，他既是愈演愈烈的技术约束的批判家，同时也是越来越抵制它的"象征人物"。的确，维希留的边缘理论的位置促使他决定将重点转向"技术官僚社会"的节点中心之上（同上）。

维希留：建筑理论与实践

至此本章已深入讨论了维希留在 20 世纪 80 年代主要的建筑和理论相关的经历。但这些经历如何让我们了解维希留作为建筑师、理论家和实践者的特征呢？

毋庸置疑，维希留应当被归为建筑学的原创理论家和实践者。但他在理论和实践方面又有什么特殊的创新之处呢？用他在过曝城市、计算机界面和虚拟空间分析中的一个表达来说，维希留是一位**科技艺术的批判家**（见本书第 4 章和第 5 章；另见 Armitage 2012: 117- 39）。对他而言，按特征对建筑进行理论化需要关于"被污染"空间临界的材料，并分析其审美艺术或科学技术因素。这不是一种"漠不关心"或"客观"的姿态；这种批判从不站在公正"批判"的制高点。在维希留看来，唯一有价值的建筑理论在论述或事件**之内**、而非之外。它最初的意图并非是要丢掉各种旧理论并转而去支持更符合潮流的理论，而是要将它们**重新组合**起来（用维希留另一个重要概念）——例如，我们已经讨论过的现实和虚拟空间。

重新组合作为维希留论述中的理论实践，需要重新定义两个或更多不同的框架——比如过曝城市中的时间和场所——并以此将它们重新组合起来，或超越各自的极限。比如，本章的核心是当时在维希留与"虚拟空间"的接触中，是否需要对其早期"现实空间"的建筑理论进行重新定义的讨论。在维希留的论述中，重新定义的过程并不需要否定前者才能达到后者，而是将二者重新组合在一起，便可以开辟建筑、美学、理论和技术的可替代方向。而这个重新定义的过程也不是固定或最终的；例如，我们可以从之后的几章中看到，维希留离开了现实／虚拟空间分离的讨论。重新组合只能在一组特定条件下实现——或者，最后用维希留的一个概念来说就是，在对**丢失的物理维度**概念的特定历史认识下。维希留的建筑理论演化至此，可以被认为是关注于丢失的物理维度的概念，因为它总是受到即发事件的影响，并不断因对其做出反应而重新组合；而这些即发事件，也如同突然发生在特定时刻的接收与感知之间的混淆一样。

统观而言，**科技艺术的批判家、重新组合与丢失的物理维度**不仅是维希留建筑理论中重要的概念和认识；它们还代表着将该理论视为**建筑实践**的途径。在维希留看来，建筑理论

61 只有在具备实践目的、并用于实践时才有价值；他对建筑理论本身并没有兴趣，而是更关注如何持续将**建筑理论化**。"理论"与"理论化"之间的区别对于我们领会维希留建筑论著中的精神是至关重要的。维希留对所谓"建筑理论"中不变且宏大的研究对象并不感兴趣。他关心的是可以为无家可归者、旅行者和那些"生活正在被定薪工作的终结（End of Salaried Work）、自动化（Automation）、去本地化（De-Localization）而引发的革命摧毁"的人，提供有帮助的、干预性的，或可作为城市领域中有用行动的建筑理论（Virilio and Armitage 2001a: 28-9）。

在维希留看来，建筑理论只有在具备实践目的、并用于实践时才有价值；他对建筑理论本身并没有兴趣，而是更关注如何持续将建筑理论化。

本章的目的是以物质向光转化为例，为通向维希留实践建筑理论的直接背景而提供了一条捷径。它不应当被误解为方向的改变，或是在走向更相关的内容之前将建筑理论置之度外的尝试。建筑理论对维希留而言，并不是向晦涩难懂语言的退缩，而是一种为了可以向"理性"质疑而使空间与时

间的语言变得格外卑躬屈膝的努力——比如，为了获得关于赤贫或无家可归者住所的知识（Virilio and Armitage 2001a: 28-9）。不过，并不是说维希留对现实的社会时空失去了信心，而是他坚信现实时空的问题脱离了建筑、特别是社会科学的"理性"知识和理论方法（Armitage and Virilio 2001a: 35）。虽然"理性"的阐释可能将建筑理论变得如抽象化的街角现实那样，而维希留却将其作为一种能够让人争论城市现实的"理性"概念的语言。总之，建筑理论对于建筑实践是至关重要的，而不是绕开实践的捷径。

就像对于维希留来说，没有建筑理论就不可能有关于现实空间的实用理解一样，他认为没有建筑实践就不可能有现实空间的建筑理论。维希留从现实空间向虚拟空间的理论转变（在本章已有讨论）并不是曼德尔布罗特的理论，而是通过 20 世纪 80 年代中期更广泛的、社会文化的发展来建立的。此外，维希留当时研究的独特性质表明，任何对他主要思想的演绎都不仅会是非原创的，而且会是对他研究中所传达的以及时间的根本精神的忽视。这种论述会在已有的理论研究对象之内效仿"维希留式"的建筑观点。

本章提供了一个关键的建筑和思维框架，以此就能**通过维希留**在"过曝城市"和"未必建筑"中展开的思想为维希留的思想建立了一个大的思路背景。随后探讨了他在过曝城市、虚拟空间的界面和虚拟空间污染现实空间的研究中临界空间概念的起源。继而回溯了维希留在努力重新定义过曝城市中时间与场所的统一的过程中，继承与放弃的各种争论。最后这篇文章考察了维希留通过 20 世纪 80 年代对曼德尔布罗特和虚拟空间的批判性探讨，为重新组合或超越笔者所谓的现实 / 虚拟空间分离而做出的努力。在本章后半部中，伴随着接受和感知之间的突然混淆，即

62

物质向光的转化，这些抽象的理论过程被置于维希留研究的建筑语境以及 20 世纪 80 年代的历史背景中。而本章结尾则从他个人的独特性和建筑理论化与实践方法的角度考察了维希留的建筑理论和实践。

宏夜：走进"超级城市"

在成为巴黎警察局第一位局长（Lieutenant General）后，加布里埃尔·尼古拉斯·德·拉·雷尼（Gabriel Nicolas de La Reynie, 1625-1709 年）从 1667 到 1697 年一直担任此职，并为使巴黎市民更安全而发明了城市街道照明系统。拉·雷尼在城市周围安装了约 5000 盏灯，覆盖了约 65 英里长的街道。他的巴黎路灯配有一根蜡烛，用绳索挂在 2 层的高度上，在警长（commissaire）的监督下由居民点亮。尽管这座城市很快便已经成为欧洲照明最好的大都市（Conurbation），巴黎政府却还在不断寻找改善照明系统的新方式。1703 年，甚至有人提出要用一个放置于中心塔顶、由四盏油灯组成的巨大探照灯照亮巴黎的想法（Caradonna 2012: 184）。此后巴黎被英国人约瑟夫·利斯特（Joseph Lister）称为"光之城"，并引起国际媒体的广泛关注。而即使是过了 300 多年后，它依旧吸引了维希留的注意。

维希留在 20 世纪 90 年代到 21 世纪前十年之间发表的最具影响力的四篇文章——"宏夜"（The Big Night, Virilio 2000b: 2-11）、"未知量"（The Unknown Quantity, Virilio 2003b: 128-34）、"白板"（Tabula Rasa, Virilio 2005a: 1-24）和"超级城市"（The Ultracity, Virilio 2010a: 32-69）的成型都可归因于他对城市"物质"持续转化为光的关注。尽管在表面上这些文章看起来截然不同——对"技术文化的假昼"的研究、对意外事件（Accident）的探究、对城市静止与逃离笔者所谓的"光之城"的分析，以及对超级城市中"反生态"和逃避现实策略的考察——但有充足的理由将它们一同考察。即它们代表着对 20 世纪 90 年代法国及其他地方许多地点对共同的社会文化、经济与建筑状况和问题的不同反应。粗略地说，这些论述考察了维希留所谓的 17 到 21 世纪**技术文化假昼**兴起背后的原因。这些"假昼"（Faulse Night）带来了工业世界第一批大城市的建设: **宏夜（The Big Night）**。这四篇文章都论证了，这种技术文化的假昼与拉·雷尼的实际作为并没有太大关系，而他事实上源于当代发达社会中一系列更深层次**未知量 (The Unkown Quantity)** 的问题与不安。这些不安被置于一种文化转变之中——从**城市静止 (Urban Stasis)** 与稳定性的当代文化，转向社会经济与技术文化的**城市逃离（Urban Escape）**和"后建筑时期"城市大规模出走（exodus，将在后文中对其进行论述）。最后，所有这些文章都将光之城的重要性作为**垂直型超级城市**以及使巨大数量的人群移动（Motion）的潜在形式。

"宏夜"（The Big Night）

"宏夜"的重点在于一个事实: 太阳不再统一城市中的时间——这在维希留看来是对于日出日落失去目的的极度不安。此外，随着太阳从我们愈发城市化的心理状态中逐渐被抹去，我们对自然光的意识也淡薄了。仅凭这些事实似乎就能证明维希留对技术文化假昼在当下不断加剧的担忧，并呼吁人们避免错误地以夜为日。然而，"宏夜"不仅揭示出夜晚被驱除并不存在宗教或乡村的原因（乡村生活中没有"光之城"一类，所以"光之城"的概念对于农民来说是无法想象的），而且还表明了光之城的夜生活和技术文化假昼正在吸蚀先前季节性的日间生活。由此，我们对光之城的回应**恰**

恰是高于其"**必要性**"的，故维希留（2000b: 3）问道: 技术文化假昼有何"必要"？

维希留在"宏夜"中使用"技术文化假昼"一词是为了思考一个问题: 曾经覆盖整个地球的白昼是怎样"被屏幕、操作台和其他'床头柜'式的额外的事物或模拟虚假的白昼所取代的"，并且这些额外的事物是如何成为当代发达社会中更大规模文化撤离与城市不安的强有力的比喻的（Virilio 2000b: 3）。维希留将这一过程称为"夜晚的跨界限性"（Transterritoriality）（Virilio 2000b: 4）。这个词语曾被他用来描述为众多"红灯区"的聚落，以及"永远忙碌的禁入区"的融合——它们不仅聚集成许多分散的技术文化假昼，而且还因此形成了一个更大的不安:"生物周期的完全逆转，居住者在白天瞌睡，却在晚上清醒"（同上）。例如，在"宏夜"中，维希留记录了一种演变过程: 从美国拥挤不堪的禁入区周围分散的技术文化假昼，转向更大、更系统化的种族城市运动; 这些运动要求从像洛杉矶那样"剥削性"的光之城当中独立出来——就像这个事例中的圣费尔南多谷（San Fernando Valley），那里的居民正考虑是否要从洛杉矶脱离出来。"跨界限性"在这里被用来突出一个概念: 面临危险的不是作为失控的、引发不安的将**城市当中的物质向光转化**的"夜晚"，而是那些在维希留所谓远离大都市、受庇护的**私有公寓**（priva-topias）中所发生的**跨地域化**的加速和加剧。技术文化假昼中加剧的过程解释了光之城的夜生活是如何越来越**医学化**（medicalized），虽还不至说是**病态化**（pathologized）。例如，维希留关注到，人们开始越来越多地使用褪黑素（melatonin）来对抗失眠、睡眠质量不佳、时差、季节性情感失调和眼压增大等问题，而这些症状正是不适应当代城市环境的症状之一。

在"宏夜"中，维希留继续探究了我们或许会称之为"光之城病情发展"的内容，并以此来考察它的内在含意。他的论述并不是说光之城只是一种因滥用褪黑素而导致的医疗产物；他是为了强调光之城**的确**在生理上令我们无法分辨日夜更替的界线，而且它们**是**一种真实的——社会文化与历史的——城市物质向光的转化。那么，维希留质疑的是：像拉斯维加斯那样的光之城应当成为一个具有全球尺度的"终极'光之城'"的范例（Virilio 2000b: 5）的想法。如果拉斯维加斯看上去像是 20 世纪 30 年代初自然而然从沙漠中兴起的，那么可以说这座特别的光之城，尤其是它反常的病态，就有了很长的日间发展（Diurnal Development）历史。可以说光之城是从法国传播到美国的——正如我们所看到的，它从 17 世纪 60 年代就处在发展的过程之中——而法国光之城的发展又是受到了更早期形式的影响：即古希腊和罗马文明以油灯作为街道照明的形式。光之城不是简单的早期电力生产所带来的病态结果；例如，像拉斯韦加斯这样的光之城并非通过使用褪黑素而使日夜毫无差别，相同地，它也不会过分地使夜晚电气化，或让过多的人活跃在夜晚、更少的人活跃在白天。光之城属于一种跨界限性的事物，它从白昼的早期表现与内在含意中，汲取了一个它与白昼的共通点作为主要资源或优势，而这一优势很大程度上是源于希腊、罗马和法国对犯罪和城市骚乱的恐惧。由此，我们当代由于对褪黑素的使用，加上拉·雷尼原始"光之城"所导致的病态化，同已形成的那种犯罪的表达和病态的含义是密不可分的。

维希留质疑的是：像拉斯维加斯那样的光之城应当成为一个具有全球尺度的"终极'光之城'"的范例的想法。

"宏夜"不是仅关注光之城跨界限性的城市或建筑论述。

即使它突出了技术文化假昼的日间特征——这些特征每年倚仗如拉斯韦加斯的数百万不眠之众而生机勃勃——而这也强调了这些假昼有现实的物质效果：越来越多的无窗老虎机大厅、越来越多的豪华酒店和赌场。不过，通过集中讨论光之城的病态，维希留就能提出光的城市形式当中最矛盾的问题。这是否是由城市漫游的旧价值观向互联网浏览和一般化技术漫游的新价值观逆转的、对光的社会文化反应？这在历史与建筑上合理吗？例如，对光之城的不断创造可以说带来了更多的城市混乱、霓虹灯导致的去定位化和加速迁移。更具体地说，光之城在针对我们对大都市的感知创造更深入的**内爆**（implosion）。这对维希留并不意味着自然光从光之城中被彻底消除；它所确定的只是"我们从自然照明（宇宙时间）中的解脱"，而这也会如"宏夜"所述，将会加剧被夸大成我们与"在**一束光中**漫游的'鼹鼠'"的相似性（Virilio 2000b: 7）。

67

就像"鼹鼠对世界的看法着实无足轻重一般"，我们今天对环境的适应就像对褪黑素的使用是错误的一样，在盲目性的形成和加剧中发挥着关键作用（Virilio 2000b: 7）。然而与鼹鼠不同，我们不只按本能行事，而且也不应当被视为这种小型圆筒状哺乳动物适应地下生存的一种简单延伸。"宏夜"通过论述我们到底在拉雷尼所开创的现代性的、越来越明亮的时代中忽视了多少东西，而坐实了关于我们"定位"的讨论，即现今由于褪黑素的使用而导致的功能异常。维希留探讨了从美学的消失和道德表达的一切内容，并以我们由褪黑素逐渐导致的愈发透明环境的持续不适应，解释了建筑中的差异，同时也强调了密斯·凡·德·罗（Mies van der Rohe）"令人眩晕又必要的简练原则：少就是多"（同上）在当今的重要意义。的确，这条"现代主义的黄金法则"已然"为我们展示了新

纪元的矛盾逻辑":

> 少就是多，从倒计时到速度记录，从立体主义到核
> 裂变，从消费主义到计算机科学，从空气动力学到顶级
> 模特的厌食症，从技术自由主义（technoliberalism）到虚
> 拟网络，从砍伐森林到种族大屠杀。

> （Virilio 2000b: 8）

维希留在这里深化了《丢失的维度》中提出的一些论点。例如，他考察了"少就是多"如何造成了"个体社会（Society of Individuals）的绝对矛盾"以及

> 那些以更古老历史街区的消耗为代价而不断增长的
> 非民族、非社会城市边缘的夜间分裂。并伴随着近期美
> 国私有公寓或日本"肩并肩"（side by side）城市项目的
> 创造与问世。

> （Virilio 2000b: 8）

"未知量"（The Unknown Quantity）：向银河道别

我们所看到的技术文化假昼需要对"宏夜"的辨识——维希留将围绕工业世界的大城市而形成的社会文化不安视为一种未知量，而这种未知量可以被视为一种"永恒意外事件"的特征（Virilio 2003b: 129）。未知量是一个关键的维希留式概念，它描述了他对于大众媒体及其欲将意外事件的大场面强加于我们的不安，以及这些强加的场面又是如何使那些意外事件在"整体"或"全球"层面上成为对公共世界的物质性损害以及又是如何宜居于我们的物质世界的。为了渲染维希留对一个如今已被排除在外、并被数学或心理分析拒之门

外的世界最深刻的恐惧,他将这种恐惧描述为"已被全部开发、并过度暴露在每个人注视下的居住星球"之"未知量"。如维希留在"未知量"中提出,当代技术文化正是通过这种假昼来寻求、并找到与利用宏夜来消除"外来物"的(同上)。

不过,技术文化假昼并不只是简单的外来物的消灭者;它们也是我们内在的"内来物"(endotic)。宏夜是一种至深且情感上的、"感知上的**时间压缩**"(Temporal Compression of Sensation)、即将来临的"**大幽禁**"和**普遍幽闭恐惧**(Generalized Claustrophobia)(Virilio 2003b: 129)。如维希留所述,如果像全球化、街道照明通电等诸如此类的跨星系似的大事件的延续性被不断地分裂、破坏——而这些常常被视为合意的——那么它正在引发的全球电子文化也可以视为一种对人类社会的支配秩序和天文统一的威胁。未知量的情感因素解释了维希留为何(作为天文上的分裂、即全球化的证明)最初强调了由夜空保护委员会(Committee for the Protection of the Night-Skies)指出的"异常污染现象";由于"大量强力电气照明造成的光污染程度,三分之二的人在今天看不到真正的夜晚"(同上)。同样地,当维希留断言"在欧洲大陆上一半的人都已无法看到银河",并指出"我们地球上的沙漠地区"是仅存的"仍陷于黑暗中"(同上)的地区时,他的观点就没有任何不可容忍之处。再也不能仰望银河是一场全球性的意外事件,它面临的是普遍的幽闭恐惧和我们对即将面临的大幽禁的认识。维希留未知量的理论能给本章开篇光之城的理解带来什么呢?让我们考虑一下他关于技术文化假昼的更具长久影响力且也是更至关重要的思想,介于我们已经遗失了人类曾从古代继承许久的事物:即在夜晚感知银河的能力。

69

宏夜是一种至深且情感上的"对感知上的时间压缩"、即将来临未知量的"大幽禁"和普遍幽闭恐惧。

为了思考人们无法目睹银河的遗憾，维希留在 2003 年提出夜晚作为人类历史遗产的一部分，它的消失，在一定程度上源自于人类愈演愈烈的"对**屏幕**的凝视"，而这：

> 不再仅仅是取代……**书面文件**、历史的编纂，甚至还有……群星，以至于**音像的连续性**居然取代了至关重要的天文学连续性。

> 在这种对时空"灾难的记述"中，世界成了可以**实时**进入的，而人类成为短视的牺牲品，受困于由即时电子通信造成的时间意外事件而遭到了提早到来的禁闭。

> （Virilio 2003b: 130）

维希留在"未知量"中（Virilio 2003b: 128-34）深化了这一观点，这篇文章最初是他为 2002-2003 年在巴黎卡地亚当代艺术基金会（Fondation Cartier pour l'art contemporain）举办的"到来者"（Ce qui arrive，英译"未知量"）展览而撰写的。该展也为下文讨论的"白板"（Tabula Rasa：通指从未沾染过外界事物的、最初的本心或事物的状态——编者注）和"超级城市"的重要争论提供了绝好、精炼的介绍。

"未知量"论述了作为人类历史传统因素之一的夜晚与当代技术文化假昼之间的关系。但文章继而将这些假昼追溯到我们在全球化完整的意外事件当中的当代居住形式之上。引用阿贝尔·冈斯（Abel Gance）关于"视野与想象扼制的明显意图"——也是他后来的立体声宽银幕电影的支持者的意愿；维希留争论道，我们无法窥见银河是与扼制我们的生活方式，即原本就被赋予存在之运动（Movement of Being）的物种的生活方式并行的。他的例子表明，这种囚禁式的阶段作为全球化的结果，使他坚信我们无法观察银河是一个致命的问题，而这是直到最近才刚刚出现的，并且伴随着笔者所谓的"历史的终结"（terminal history）为发端。换言之，这是一个威胁生命的特征，构成了"**悄然进行**的过程"："一切都……已在那里，**似曾相识**（déjà-vu）"，而且"甚至很快就是**已然发生却毫不知情**（déjà-dit）"；所剩下的一切就是"等待……一个**灾难性**的起点，而它也将接续圆形地球的**地理**地平线"（Virilio 2003b: 130）。维希留的延伸比喻着实意味深长，却让他得以强调"本地化的突发意外事件"的历史当中他谓之为"致命历史"（Fatal History）的内容，并与此同时，使它让位于全球重大意外事件。没有本地意外事件的另一个历史就没有全球化的意外事件史。**似曾相识、已然发生却毫不知情之事**，以及永无止境的灾难预感，而这一切都早已在暗中悄然进行，与先前代表社会文化存在的一切障碍和困境融为一体。再者，它们还有这样的过程

> 当"大幽禁"终结了放逐与排斥，而代之以因果链之时，由此开始"一切到来的事物都无需离开"、并走向完全的对立——因为在过去，人会向着他所能看到的地平线的尽头。
>
> （Virilio 2003b: 130）

球形的地球——以及人类和地球上的动植物（向着一个毁灭性的终结而前进的，额外的悄然进行的过程）如果是按照这种终结的历史——便不仅是在死去，而是在逐步系统地清除，就像我们仰望银河的可能性（Capability）。

维希留由此继续争论道，夜晚作为人类过往的组成元素

71

以及与生俱来的权利，它的消失，是通过对这种"走向终结的历史"的系统否定来完成的；通过将不治之症转化为可治，我们建立了一系列二元对立关系："光明"与"黑暗"、"速度"与"惯性"、"终结"与"解决"。在重申《丢失的维度》的论点时，维希留论证道，夜晚作为人类逝去习俗的一部分，它的消失可以归因于许多因素，包括历史中对物质整体的彻底毁灭，终结历史中的一种时震（timequake），以及包含了未知量的终结历史对一切距离坚决彻底的抹除。然而，就夜晚自身而言，我们的当代历史无法恰当充分地解释在一系列意料之外的连续意外事件的收缩减少之后，黑暗所占据时间长度的削减作为人类历史文化的一个特殊部分；而作为那些意外缩减事件的结果，黑暗时间的削减开始随之发生或并行。"未知量"的主要论点之一是，逐渐苍白的夜晚作为人类历史遗产的一部分，它的消退对于文化、空间、终结的过程、历史，以及时间而言，都是相对固定不变的，而不是自然且普遍存在的；它是多重的，但随着空间的向外延伸和时间的延续逐渐被摧毁，在形式上越来越单一。这便引导着维希留向着对空间的延伸与时间的延续，以及黑暗，这一作为人类古老的遗产的特征的离去的、更具体且更详细的分析。"一切都已存在"和"等待灾难性的起点"，这不仅是维希留对"地理学地平线消失"的比喻；它们也是将地球上一切源于宇宙之物质的灭绝比作屈服于全球化的、源于"屏幕"的意外事件而"将地平线隐藏"的、地区性意外事件的比喻（Virilio 2003b: 130-1）。

通过记录我们当代的封闭、恐惧、对消除一切外在物质世界界限的感受，以及我们继承的黑暗的衰退，这篇文章描述了我们来到 21 世纪之后的一个终结点，它标志着多重时间尺度的完结。维希留认为，多个时间尺度的断断续续因"地球物理的**本地时间**"的空间消亡而通畅起来，而也这导致我们需要去"直接面对纯粹的天文物理光年"的时间尺度（Virilio 2003b: 131）。那么，如今夜晚的消失作为人类过去的一部分，通过我们对早已"汇集在**最终**（Omega）点"的后知后觉，而开始变得逐渐明晰。在这个终点上，"再没有任何人类以外的任何**他者**，而且除"他"之外，也再无**外者**"（同上）。维希留提到了"对狂乱的热爱（philanoia）"的终极形象，并将"知识意外事件"与人类联系在一起，并将人类从整体上看作由其"自身的存在"来"认定并断言一切"，并且"对任何事物的认知都是通过封闭的知识背景来理解自身的"。维希留认为，知识意外事件的终点是被疯狂科学家对永无止境的"发现"的过度热爱引发的，而这只会加剧技术文化假昼。

夜晚作为人类从最早的文明时期便继承下来的遗产，它的消失也由此变成了现代文化的一个，且不说是病态或是病理性的一个普遍的特征。例如，现如今网络或在线游戏的推出，正是为加速这种始料未及的连续事件的缩短而设计的。由此，夜晚的废除在当今便被定位在"**去实现化**"（de-realization）的层面上，并在"一个无实体的**平行世界**中"达到顶峰，"在那里每个人都逐步调整以适应并得以**栖息在独立于生活现实空间的音像连续体的意外事件**中"（Virilio 2003b: 131- 2）。

在维希留看来，对个人生活的现实空间的关注不仅代表的是我们积年累月而成的无法观察银河的既定事实；它还明确地表达出在"进展"的"成就"之后电子计算机网络与生物之间（Cybenetic，控制论）隔离的更宽泛的理解。这是信息、速度和遍布世界的即时性的全球化兴起的"进程"。维希留所谓的现实空间对我们生活的重要性没有直接指向由"连续性时间"到"同时发生的事件"的预料之外的合并；它表达的是对"电视的无处不在"更为普遍、"革命性"的感受，它强调了在进程的创伤和后果中"最细微的事件"和"最微小的攻击"。尽管如此，这种对远程－视像（Tele-Vision）的感受，很显然的是同时在各个地方都在发生的，而这种情况在很大程度上可以理解为，是因我们逐渐丧失的对银河的感知而形成的。循环联播的电视画面不仅占据"世界冲突的很大比例"，还证明了最终点的结果——电视无处不在的"气象学"后果，并再现了蝴蝶效应中"亚洲一只扇动翅膀的蝴蝶却可以在欧洲引起飓风的联动效应"（Virilio 2003b: 132; 另见 Armitage 2012: 95-116）。到了新千年之交，随着全球化社会的形成，地方社区承受着最高程度的挤压与包围，而到了这时才发现自己成了局外人。此外，这些地方社区虽然对维希留提出的电视无处不在的普遍感受有充分的内在回应，却无法控制地越来越屈从于那些预料之外被定性为"异常"（Deviant）的事，而他们的屈从反而成为这种遍布全球存在的决定因素与保障。随着各种迫切需求如潮水般剧增并伴随着夜晚的逐渐消退，维希留记录了地方社区中情绪的转变。他们最初本是乐于加入到这种社会失常当中去的，然而却发现自己的社区反而变得愈发去全球化与去社会化——在这些社区中，"**本地的**在一个不复存在的世界之外，而**全球的**在其内"（Virilio 2003b: 132）。

在维希留看来，对个人生活现实空间的关注代表的不仅是我们积年累月而成的无法观察银河的既定事实；它还明确地表达了对"进展"的"成就"之后计算机电子网络与生物之间（控制论）的隔离更宽泛的理解。

维希留关于黑夜的消失和技术文化假昼的终结历史，帮助解释了像拉·雷尼街道照明这样的发展过程为何在 21 世纪可以有如此重要的意义。因为这样的过程表明，我们选择向光之城转变或许有一些更具有说服力的、更宽泛的结构或构成上的原因。比如说，我们或许是为了应对即时信息和通信的网络化沟通，或本来是将其作为地缘政治的一种不利形式等。除此之外，拉·雷尼的发展过程还表明，光之城作为 17 世纪技术文化假昼的诞生地，为何却反而在我们的这个时代，引起了一次次焦虑的升级和加剧。（如通过实时空间胜过现实空间的现状，通过夜晚的衰落，或通过电视在全球各地无处不在的传播等）。夜晚作为人类早先传统的组成部分，它终结的加速化形式便形成了技术文化假昼，因为"**全球化把世界像手套一样里外反转**——所以从今往后，身边的事物可以同时也是异国他乡的事物，而异域的事物也可以近在咫尺。"（Virilio 2003b: 132）。对于维希留而言，无论是这些假昼的跨界限性，或是被剥夺的我们愈发难以观测银河的赎回权，再或者是这二者的叠加所造成的影响——都不是电视无处不在性质的"现实"或是真正的根源，而是更深层次的文化问题的技术、空间和时间症状。当我们像拙略的预言家那样试图预示建筑中的这些症状（如光之城）而不是寻找引发它们的根本条件时，那么这种预言至多也就是"曾经延续了三个世纪之久的希望之地平线与求知的视野以及眼界，如今将不复存在。"而最糟糕的情况是，令人不安的期望会衰败并恶化为一场全球化的意外事件，因为技术文化的假昼会加剧为"人类前进方向的完全大逆转"（同上）。

所以，如果技术文化假昼的宏夜现象不是电视无处不在的**根源**，那么什么是维希留所谓的它们所掩盖的**现实**问题呢？虽然"技术文化假昼"一词在一定程度上解释了宏夜是**如何**成为我们这个时代如此强大的一个特征的，但它却没有帮助我们理解**为何**会如此。被加速的不安到底指的是什么，并且它在我们特定的"终结"历史时刻所达到的目标或功能又是什么？

为了回答这些问题，"白板"和"超级城市"的论述建立了一种与之前"技术文化假昼"相关联的方法论。这种方法论的基础是笔者在上文中称为医疗化或病态学的思路与方法，它被应用在维希留全球性意外事件的建筑理论之中。维希留对这种思路的重视，是因为它辨别出了像光之城这样独立存在的个体不仅是自然发生的事件或是事件所发生频率的加速，75 而且是**由社会文化建造的城市**，在一个逐渐统一的时间尺度中被病态化和界限化。与此同时，维希留表示，光之城并不能被完全明确地解读，因为对它的理解在一定程度上取决于我们对它的回应方式，或是如何将其病态化的过程。也正是因为这个原因，他在 21 世纪的研究便摒弃了他 20 世纪 90年代所使用的、由对技术文化假昼的研究而总结出来的医疗化的思路与地方，并通过将这个方法与笔者在上文中提到的研究"终结历史"的思路和方法相结合而得出的全新的方法论，转向对现阶段全球化囚禁：对"被囚禁在一个无半点星光的世界"的现代阶段的研究。根据"白板"和"超级城市"中的论述，这种技术文化假昼的叠加所带来的绝不只是历史终结的到来。各种更强有力影响的历史事件都需要被考虑在文化假昼叠加而成的后果当中，包括历史终结的结果在内，还需要考虑其在战争中的转变、城市性，以及建筑的相关因素。正是这种认识引导维希留在这两篇文章中，对当代由城市静止和稳定性的文化向城市逃离和大规模城市出走文化的转变而导致的全球化迁移可以作出出色解读。

从城市静止到逃离城市

在"白板"中，维希留通过概括三个军事 - 城市类型，强调了城市逃离的迫切需要以及为何这在 21 世纪是至关重要的：

1 **战争**：由全球人类之间的冲突而导致的迁移和强迫性运动的过程。

2 城市静止：现代建筑的灾难和纽约等现代城市的"慢动作动乱"（勒·柯布西耶）。城市静止同时也用来描述"自 2001 年 9 月 11 日开始动乱的改变就已经开始加速"的看法（Virilio 2005a: 18）。

3 超高层建筑：摩天楼的形象一个世纪以来一直被看作美国的城市化特色，而超高层建筑却成了空中的死胡同（关于"高层建筑综合征"另见 Sudjic 2011: 397-428）。

正是通过这三种类型，维希留试图证明战争和逃离的当代历程中存在一种"现实基础"。例如，联合国难民事务高级专员办事处（United Nations High Commission for Refugees）预估目前全球有 4520 万人被迫流离失所（UNHCR 2014）——而这个数目已经超过阿根廷的总人口数。然而在维希留来看来，当代建筑的灾难并不是这些人造成的。他的论证是建立在一个特定的认知之上的：即超高层建筑是现代大都市持续性灾难的终结历史或结构特征。这对于城市的"通畅运行"是"至关重要的"，却不能够"解决"像纽约这样的当代大都市的城市问题。为了抵御当代城市的彻底的动乱，维希留断言，现代大都市的持续性灾难没有可以替代的道路，而只能从少数富有的产权所有者、有影响的建筑师以及那些越来越多的建筑住户的利益出发，去开发利用超高层建筑。维希留可以理解由现代建筑对大面积土地的侵占和破坏而带来的一种对**逃离**的迫切渴望，而不是对城市静止这种相对稳定状态的渴求。然而战争、城市静止和超高层建筑绝不会是无中生有（纽约无疑是一座在一定程度上已经处于城市静止状态的城市），它们也是同维希留的"逃离的极度渴望"联系在一起的一些类型。对他而言,城市静止的概念表示,现代建筑对土地的大面积破坏的问题应当已经被克服,而这个问题事实上在现实中却是永久性的。在"白板"中,城市静止的传统概念是围绕一系列相关概念组织起来的——进程、现代性、建筑发展、理性、城市性、先进社会等等。也正是因为它们是城市静止的组成元素,这些概念确实有助于巩固社会文化和中心城区的稳定性。此外,它们将自身作为业主、建筑师和超高层建筑住户的"自然本能",看似全心全意的为中心城区进程的信念与理解服务。但实际上它们标志着所有这些人对城市稳定性社会文化模式的屈从,而这种稳定性正在逐渐被(尚未成为主导的)灾难性建筑秩序的加速所打乱,下文将对此展开讨论。

所有这些都在一定程度上表明,维希留对当今建筑转变的解读是他关于战争与我们称为"大规模城市出走"理论的重要元素之一。因为战争带来的不仅是撤离;它还会支配或瓦解高楼林立的现代城市,进而形成一座极端的城市。它并不是建立在城市稳定性基础之上的,而是建立在以自发的城市逃离为特征的、对这座"极端城市"的抵抗之上。逃离战争、逃离城市静止、逃离超高层建筑的迫切需求是维希留大规模出走理论的基础,并以此揭示出今天地方是如何变成外围边缘的,全球的事物又是如何变成内部的事物的,而美式城市静止的价值又是如何受到城市逃离的当代文化的重大打击的。就像鼹鼠会适应地下的生存条件一样,我们也必须适应新的生活方式。然而这种生活方式并不是建立在城市静止的稳定性之上的,而是建立在以被迫的城市大规模出走为特征的一种"后建筑时期"(postarchitectural)的生活方式之上——而笔者把这称为"临时专制区"(Temporary Authoritarian, Armitage 2010)。无可否认的是,在今天的全球性特大城市

（megalopolis）里存在着新的前沿与运动区域，它们几乎是被那些居住在伦敦、甚至纽约街头废弃建筑中的后建筑时期组织所占据的禁地。被迫在世界各地迁移的受害者，漂泊在边缘化的、无规则管理的、不稳定的、没工作机遇的，且毫无社会章法的地区。这些人群在战争、恐怖主义、毒品与人口贩卖的驱使下四散逃窜，而当代全球的城市也由此不断缓慢地由城市向临时性的营地转变。这种在法律之外的临时专制区包含了"可疑因素"中的后建筑时期生活方式，以及最近从像大马士革、巴格达和喀布尔等遭受战争蹂躏的城市中心逃离出来的多元文化人口。这些曾经享有永远的自主权的可定居大都市，如今也已经成为历史。

维希留对当今建筑转变的解读是他关于战争和我们称为"大规模城市出走的"理论要素之一。

　　维希留对当代问题的解读是：我们越来越来难看到银河、全球意外事件的发生前景，以及应对这些意外突发时间的盲目无序的对策，都是技术文化假昼的根源，或是建立在被迫的城市大规模出走上的后建筑时期生活方式的起因。相对地，我们可以说，技术文化假昼的病态化为**发展和维持**笔者所谓的"撤离的事态"（A State of Departure）提供了一条即使不是关键的，也可以说是便捷的通路。这是因为这种病态化为典型现代城市中已变缓的灾难过程提供了持续不断**加速**的契机和缘由，并以此支撑如肯尼亚哈加德拉（Hagadera，人口138,102）难民营中那样的后建筑时期的生活方式。而这种难民营如今已取代了许多肯尼亚过去的村镇。哈加德拉作为地球上最大的难民营，是初到者和旅行限制、个人登记和恐慌的后建筑时期的领域。被迫的迁移和对被捕或政府镇压的恐

78

惧、不断被要求出示的身份证明、在交通枢纽永无休止的长队，以及因余额不足而调至静音的手机。在这个领地中，如此这般的"生活方式"也就只能算作是"生存"罢了。哈加德拉至多也只能算得上是乡村或城镇，而由于人口基数的不断扩大，于是便为了所谓的安全排查，而使之被迫成为一座城市。那里人民的邻居和孩子永远陷于相互推诿、不法行为、不安、和居无定所的困境之中，并无时无刻不被反叛组织、流放者、难民、扣押者和带刺的铁丝网困扰。维希留认为，在撤离事态进入到一种快速且非自愿的城市人口迁移周期时，像哈加德拉这样难民营便会大量涌现。"白板"的论述为撤离的事态及其在当代这个周期中的转变进行了细致的以及以终结历史的分析方式进行了论述。简言之，这种转变包含了由二战后"成功的""稳定状态"，向当代我们正在目睹的后建筑时期城市形式不断增长趋势的转变。而像在流放者收容中心寻求避难的人们，以及那些意大利兰佩杜萨岛（Lampedusa）的非法移民，便是典型的后建筑时期城市形式的例证。21世纪以来，兰佩杜萨岛一直是移民的主要入口，他们大多来自北美、中东和亚洲。处于萌芽期中的后建筑时期城市形式的这座岛屿，它上面的临时移民收容中心如今人满为患。这个中心建成之初最多只能容纳850名寻求避难者，如今却挤着多达五万名非法移民，大部分被迫睡在室外的塑料板下。2011年以来，更多的移民（男性为主）因突尼斯、利比亚和埃及的"阿拉伯之春"叛乱流离到兰佩杜萨岛。在这个背景下，我们将因滥用褪黑素等诸多因素引起的对光之城的过激反应，作为我们对城市环境无法适应的结果，而这背后的原因，开始变得逐渐明晰。从稳定性状态的瓦解的角度看，光之城不仅是城市物质向光孤立的转化，使我们无法观察银河的社会文化状态——而我们却可以真切地在工业世界最初的现实城市，在

79

最初的"宏夜"中，看到银河的真实图像回射到"宏夜"上。更准确地说，我们眼中的银河便"已经处在"灾难的地平线之上了。对维希留而言，在光之城中，一切都好像早已存在、早已发生，匿藏于众目睽睽之下，却毫不知情。在他看来，接下来的只剩下等待银河的消逝，直到它成为光之城后便可作为地球的宏夜而存在。很显然地，光之城本身也愈发表现出被迫性的大规模城市出走症状，即当代社会和文化终结的迟暮特征。而且不仅如此；光之城提供了一种通过在美国和其他地方合法化、普及化对城市流亡者的后建筑时期反应来强迫城市向外移民的管理手段。例如，美国通常会出现"帐篷城市"，要么是未经政府批准、由无家可归者或抗议者建立的，要么是经政府批准、由州和军事组织建立的。越来越多的避难者、因飓风撤离的人员、退伍军人，以及各种流离失所的人都住在棚户区、非正式社区，以及用糟糕的材料建造的房屋里——比如俄勒冈的"尊严村"（Dignity Village）和华盛顿特区的"奥林匹亚公寓"（Olympia）。因此，住在技术文化假昼时代的帐篷城市中，在维希留看来不过就是迫切的逃离欲望的主要表现之一罢了。而我们都在以这种手段，为了大规模城市出走的好处与撤离事态相关联的措施逐渐行动起来，这也为非同寻常逃离的实施提供了合理性。然而美国和其他地方帐篷城市的增长不只是无家可归这一状况的结果。因为这些营地也可以被视为当代技术文化为应对假昼而提供的居所的更好的替代品。为何不从被迫永远流浪街头的动机中逃离出来？为何不拒绝撤离的"好处"，不再蒙受无尽的颠沛流离之苦，并在高速公路边、桥下或树林中建造一个社区，即使只是临时的替代品？或许，因此帐篷城市的居民不仅是在反思这种城市的概念，而且是在挑战最初促使他们离开的虚假合理性。

　　维希留认为，从自发的城市稳定到非自发的城市逃离， 80

在一定程度上是由气候变化导致的气象条件加剧与全球化的剧变和动荡决定的，而这些在当今正犹是迫在眉睫。维希留用他自己的理论指出，光之城当中和周围的强制性城市大规模人口逃离，作为一种被强迫的城市撤离方式，而其基础即是作为无尽灾难的终结历史的当代大都市。具体而言，它是现代城市中一种"先进"的、"后工业"的却又是永无休止之灾难导致的被迫的大规模撤离，在快速动员的条件下，不知疲倦地寻求在极其微弱的后建筑时期的社会经济及文化基础之上，找到一席"扎根之处"的终结时期的历史。在"宏夜"和"未知量"中对光之城专门的具体研究成了专注于研究动员（Mobilization）这一更大课题的一部分，而这也成为维希留后续"白板"的论述中的一部分。

至关重要的是，维希留在"宏夜"、"未知量"和"白板"中以终结历史的或结构的方法对现代城市动员转换的论述明确了：强制性的大规模城市逃离不是**一种**简单的离开的过程；它是**持续动员**的体现。它必须被置于**运动的过程**当中，按类分配并经过系统化的过程之后，才得以实现。当然，当下被屈从的固定状态与兴起的支配性撤离的事态之间的关系不是静止的。相反，它是以超城的持续过程、即时性和全球化为基础的。在本章的剩余部分，我们将考察极端城市的这些过程是如何在"超级城市"中展开的。

走进"超级城市"：极端城市中反生态和逃避主义策略

"超级城市"是一篇关于广泛动员的多元文章。它不仅涉及将大量人群置于运动之中的过程，还涉及当代社会文化发展的量化特征：我们今天所目睹的"能源危机"以及"由生态环境暴露出来的一切资源储备的枯竭"——"超大批量货船式革命"（Virilio 2010a: 32-3）。维希留以前文中关于战争、城市静止和超高层建筑的辩论为基础，解释了高强度动员的独特性。例如，某个时期中的普遍动员是以战争的新阶段、迁移的经历与被迫的进展为条件背景的前提下来解读的。而在维希留的论述中存在一种理解：即普遍动员与先前的这些前提之关系绝不仅仅是为发动战争这么简单。而"超级城市"便代表了其中的一个详尽的阐释。维希留将强制性大规模城市出走作为持续动员的一种形式、而非城市静止的理解表明：超级城市在大规模动员中占有且**必须有**一个重要的地位。然而，超级城市也缓和了我们对极端城市的看法。它不一定是迫使大量人群移动的简单结果。这种让巨大数量的人群同时转移的反生态思想只是可能实现超城的一种可能途径；维希留称之为"变异"（mutation）（Virilio 2010a: 33）即由具有城市稳定性状态的、曾经具有主导地位且相对平稳的动员体系，变异为具有城市离开势态的且具有主导地位、却十分不稳定的新兴动员体系。然而，如果按照维希留强制性大规模城市出走的思想所表述的那样，这种动员的体系绝不可能是静止的，那么辨别出以连续全球化和动员为基础的其他超级城市形式就变得十分必要了——维希留称之为向"意在实现利益的即时性全球化'恰逢其时'的分配系统"的变异（同上）。维希留并没有试图辨别出任何反生态的极端城市，也没有将其他的一切与即时性的相关问题联系在一起。相反，他认为我们必须尝试理解到底是什么样的全球条件，让巨大数量的人群同时开始运动便可以从城市中心的"冲突"（以及从移动的冲突）中获利，并可以建立起一**系列**的反应方式。有些移动的冲突通过大量的人群动员带来了巨大的机动性，其意图在于激发新的交通革命，并使大量平民迁移，而不是军人。甚至

81

那些在大规模城市出走、驱逐和排斥的终结历史中反复出现的移动冲突，都不是相对静止的替代选择（生态与反生态）；而且它们是**潜在的终极**"加速版立体的历史的车轮"（Sphere of Accelerated History）的终结层次，而它是为了使我们从"距离的暴力专制"中解脱出来，并适应一种"个人生活中的自发性动员"的生活方式（Auto-mobilization of Domestic Individuality）（Virilio 2010a: 33）。与反生态的超级城市通过"借助某些特定的秩序以达到最靠前的阵线"的手段（同上）不同的是，极端城市中的逃离主义策略是关于适应全面动员的。这种超级城市的形式并不会一开始就让大量混合人群作为一种单调的变异移动起来；它们是**潜在的**军事化形式，尚未撤离却**被迫持续留在原地**。维希留的论著中强调了移动的冲突和加速中终结历史领域的范围是如何**被迫延续**、并是如何**被用来将我们从距离的专制中解放出来并适应个人生活中的自发性动员**的生活方式的。这种强调体现出一种特殊的城市文化活动形式：**机动化加速**。

维希留将强制性大规模城市出走作为持续动员的一种形式、而非城市静止的理解表明：超级城市在大范围动员中占有、并且必须有一个重要地位。

如果我们逐渐意识到了"储备枯竭"（Virilio 2010a: 34），那便是由于对特定的被机动和加速化的时间频率、不断加速中的历史的层次和领域（就像 2008 年安装于日内瓦大型强子对撞机 [Large Hadron Collider] 上的闭路装置，其中所进行的是超加速逃离），以及能量来源（能源，Source of Energy）的接受与适应。如今，大量人群通过机动化加速永无休止的迁移，与一种关于能源问题（比如石油）的对峙和对

82

直接导致缺乏活力的负面文化价值的抵制有关，这种活力的缺乏是指新陈代谢上的怠惰以及减速的时间频率。虽然许多来自世界上最富有国家的人自己习惯于普遍动员，但各国的能源独立性及其在"活力"、"个性"和"祖国"等方面的隐含意义才是使速度的核心体验不断全球化的一种手段（Duffy 2009）。

虽然我们可以认为维希留会痴迷于大规模的动员，并过度的关注能量的具体来源，以及与之相关的移动的冲突，但事实上，"超级城市"却更多地关注于我们如何对这些能源进行使用、机动化、加速并如何使之转化为对速度的需求。与普遍动员有关的能源本身并不会造成机动和加速化的时间频率；而是这些能源加速的方式，即它们被**激活的过程**造成了这种时间频率，或也可称之为"全球动员"（Virilio 2010a: 35）。也正是通过这些时间频率使得各种能源脱离了它们与"国家财富的政治经济"相关的主导意义，并在与"加速原则"相关的新语境下进行重新表达（Virilio 2010a: 36）。使大量人群移动起来的意义，并没有埋藏在像人群的机动化加速与对无作为和慢节奏的时间频率所表现的那样，包含在行为之中。而对能源"既定"或"自然"的使用却是通过这一过程被机动化和加速的。诗人威廉·布莱克（William Blake）在他名为《天堂与地狱的联姻》（*The Marriage of Heaven and Hell*）的书中写道，"能量（Energy）是永恒的喜悦"（Blake [1790] 2000）。然而，当被维希留引用时，布莱克关于能量含义看似天真的声明，在技术进步对能源不顾后果的侵蚀以及其所带来的终结历史的社会历史背景之下，却表达出截然不同的含义（Virilio 2010a: 34）。当然，能源被激活的过程是一把双刃剑。自新千年开始以来，通过拒绝节约对各国生死攸关的石油的方式带来的技术进步已经被"恰逢其时"（just-in-time）的石

83

油、天然气和机动车产业所**超**机动和加速化。相应地，技术进步对已经机动和加速化的时间频率的破坏使之如今转向了"一种全**系统危机**的混乱"（同上）。

维希留在这里的论述显然是以 2007-2008 年的全球金融危机，以及他关于"所有国家和地区的特征将进一步被削弱的预测"为依据的；而他将这与机动和加速化的时间频率联系在了一起："对那些将再次被大规模城市出走与移居的社会群体，我们要提倡的应当是那些个体的可追溯性，以及在大规模撤离中陷入混乱的大规模迁居。"（Virilio 2010a: 34）。"**超级城市**"这种可追溯性的形成方式——通过机动化的城市远郊与"从并不远的殖民式撤离直到达到向遥远星球的**超世**（ultraworld，极限世界）"——而这一过程所表达出的状况在这里是至关重要的（Virilio 2010a: 37）。让我们逃离这个已经被我们用各种变异的科技进步所完全占据的，并还在被不断加速的机动化的地球。无尽的增长以及对我们这个星球的能源储备竭泽而渔式、不留余地的开采利用，使得机动与加速化的时间频率成为可能。

机动和加速化的时间频率：技术进步的变异

正如反生态的极端城市，在超级城市中逃离主义的策略也只被当作一种巨大人群异地定居的可能形式。维希留对这一过程的论述绝不像某些评论家所说的那样是反乌托邦的。这些策略一直都是持续全球化动员的过程，而不是在大规模人群迁移中持续"技术进步"的发展。这些策略不可能被认为是促进技术相关事物的——就像我们迫切需要承认"从现在起……最大限度的承载力"超过了"运输的能力，无论速度是多少"一样（Virilio 2010a: 37）。在这个理解上，这些策略只能保证满足一种关注"嗜极生存"（extremophile survival）状态的**超大批量货船**（bulk carrier）式动员。技术进步的变异、机动和加速化的时间频率以及超级城市中的逃离主义策略，都只能用来让迁移中大规模人群的感受全球化（或从中幸存下来）；除了从载体上进行改善，他们并无法从技术上深化。在这里，维希留将大规模城市出走的理论与他逃离必要性的概念相结合，并以此作为一个与我们现实存在条件与状况的承载联结——在这种关联中"载体自身就是一切"而"行驶的目的……则是没有价值的"（同上）。他认为技术进步在巨大人群逃离背景下的变异对应的是"超大批量货船"，而不是一种生活的必要形式。例如，他对超高层建筑是这样评论的：

> 禁锢于"地面之上"立面的静态载体……对于其他人来说，也只是一艘在异域不断扩大的、"生殖旅游"中的货船……这些都是即将来临的货载革命（révolution de l'emport）无数令人惊慌失措的迹象。这种革命会将我们整批运走，而它的起因便是人们突然揭露的资源耗竭。
>
> （Virilio 2010a: 38）

维希留因此将普遍的动员视为一种借助载体（即机动化模式）并以之为媒介的方式"有技巧地发展"我们现实存在的条件与状况，并以与这些条件建立相应的机动化的联系的载体关系，实现这些状况"技术上的发展"。

超高层建筑或高位（At Altitude）远郊城市特征

不论从建筑还是学术的角度上看，"超级城市"都是以**过度干预**的态度写出的，并需要从这个层面去理解。它源自维希留在宏夜和未知量的出现，以及拉·雷尼发明巴黎路灯以来银河不断消失之后感到的愤怒。虽然大部分文字都用来说明我们对这些变化过激的反应，但"超级城市"的后半部分便转而思考光之城中新兴的建筑了。通过全方位动员的城市蔓延而形成的城市区域中"过度且大量地进行'与真正的生态相比还要更全面的生态'的先进性宣传"，便可以加深交错的"多重塔楼"周围的"城市密度"，于是维希留以此为背景，有力地回归到"白板"中提出的当代"城市集群"（Urban Agglomerations）的"后城市时期游牧式大迁移"（the Great Post-urban Transhumance）的问题上（Virilio 2010a: 46）。

不论从建筑还是学术的角度上看，"超级城市"都是以过度干预的态度写出的，并需要从这个层面去理解。

超级城市在机动化加速的时代变得与"未来的货载革命"不尽相同并非巧合；这不仅涉及我们失去的仰望银河的能力，以及我们从工业城市的大规模城市出走的军事化的城市逻辑是一体的。与此同时，机动和加速化的时间频率也是"超高层建筑**静态载体**"增长的**起因**（Virilio 2010a: 47）。因为超高层建筑正在"通过耗尽自然资源并伴随着电梯对人体自发动员的取代，而将使能源枯竭的活跃动态载体走向终结"（同上）。这样，一种由缓慢改变我们观察银河的能力而出现的城市系统，不仅将火车和喷气客机的超大批量货船置于这个"网络的生态系统"中心，并将其作为一种"毫无下限地去地方化"体系的牢固基础；而且伴随着我们越来越难以观察到的银河，我们不是对它的消逝恍然大悟，并及时止损，而是放任并使之连同我们的交通工具与城市，使我们最终制定了一种以持续的运动为基础的超级城市对策。维希留将这种运动作为一种双重问题进行探讨：其一，是能源的问题（尤指机动车造成的污染），其二，则是与更宏观的"静态载体"的"未来主义谎言"相关的问题，这个谎言散播了有朝一日"可以使人一劳永逸的动态载体"以及"技术进步可以达到的极惰性"（Polar Inertia, Inertia, 形容事物所具有的保持稳定不变，不受外界事物因素影响的状态，物理学中有时也译为"惯性"——编者注）（Virilio 2010a: 48-9）——而这个观点之前已从一切早已存在的想法上得到了暗示。在巴黎这样的城市中，对交通工具地位变异的任何建筑反应都必然与这些面向未来的问题、及其内在多元的相互关联同时发生。在这个条件之下，光之城不仅是机动和加速化时间频率的符号；它们也可以解读为我们对不再能观察银河的一种**回应**：

> 在第三个千年之初，对"城市蔓延"的全面否定具有一种特殊的意义……即它通过让极高塔楼水平方向上的静态载体承载着白昼，使之取代了所有因自发动员而形成的活跃的动态载体，并由此切实地颠覆了大都市原本的中心性。取而代之的是一种纵向的、而不是像旧城市中心那样水平延伸的轴线性。
>
> （Virilio 2010a: 49）

需要注意的是这里"对'城市蔓延'的否定"被描述为"大都市中心性的颠倒"。正如我们垂直方向上（通过仰望）越来越难以观察银河的能力，光之城的建筑也是如此。"超级城市"并没有片面地将光之城解读为一种旧的水平城市中心的消逝。此外，维希留的目的也不是为了扭转超高层建筑静态载体的错误。相反，他认为光之城表明了一种建筑的垂直性——同时也表明了无法目睹银河的垂直状况而直接导致的城市逃离

87

的未来，最初其实是源于水平方向上的、因自发动员而形成的活跃的动态载体而非与其垂直的轴线性。上一段提出的超高层建筑的重要问题，在"超级城市"中与"高位远郊城市特征"联系在一起。并通过这个特征，"摩天楼的静态载体"变异为一种"动态载体，就像建筑师戴维·费舍尔（David Fisher）的迪拜项目"：

> 这是由八十个楼层沿着一条"机敏"的垂直轴线旋转上升围绕而成的。这条轴线可以让乘客——住户改变他们公寓的朝向，而相应地视野的转换便可以像在电视上换台那样。而所有的这些通过语音命令就可以实现。

（Virilio 2010a: 55）

维希留评论道，超高层建筑是一个将被它们垂直化的"乘客-住户"从他们的本源、身份，以及他们同社会的关系当中连根拔起，将他们捆绑在一起，并置于一种"'如盲人般无归属'的状态当中"的计谋（Virilio 2010a: 55）。虽然超高层建筑的这种概念显然带有理解光之城的潜力，但这个概念在"超级城市"中却仍未充分展开。超高层建筑被视为是极其孤立且嗜极的，如它们对水平轴线性的违反一般直截了当，它们也由此通过"运输通道和极高电梯"使对地面之上空间的利用形成一种**禁锢于高空的隔绝环境**（Virilio 2010a: 56）。维希留拒绝草率地将光之城诠释为超级城市逐步上空化的形式；他视它们为"为了无归属的人类……而战胜了地面，却依旧注定要沦落至'嗜极生命力所支持的游牧的生活方式'"（Virilio 2010a: 58）。比如，在一个阶段，光之城可以被解读为后水平建筑时期（Post-horizontal）意识的标志，即是对留在地面之上的强有力的拒绝。而另一方面我们需要承认，随着以嗜极能量所支持的游牧式迁移加剧的连续，今天无归属的人类几乎没有留下任何实际意义上的"地面"可以被拒绝。"超级城市"从根本上拒绝对其所描绘出的不断涌现的意外事件和灾难给出答案或解决办法。而光之城也并不是答案；它们至多也只能表明对建筑师的一种需求：即光之城应当与其继承的矛盾的结构设计**对等**。"超级城市"或许是对我们微小星球上全球化非场所的命运，以及它在机动和加速化的时间频率中的要点的最初分析。这篇文章以引人共鸣的方式，将光之城解读为后地理、甚至是后星球时期的建筑形式，是富有远见且内涵丰富的。在它法文版发表的五年后，漫长的超高层建筑时代在中东，尤其是在中国得到了延续，而这无论以什么判断标注，都代表了无归属感、无视野，以及地面运动垂直形式的**加剧**；而这种垂直形式即是指超级城市中那些垂直的通道。

第 3 章剖析了维希留临界空间对 20 世纪 80 年代过曝城市的影响的考察。而"宏夜"、"未知量"、"白板"和"超级城市"将这些分析拓展为一个更宽泛的解释，即银河的消失。而这在 1990 到 2010 年间逐渐融入人们的意识之中。所有这四篇文章都采用了大体相同的方法论，即将当代全球城市文化的医疗化或病态化阐释与终结历史的阐释结合在一起。其中病态化的思路使得将工业化世界的第一批大城市可以被解读为技术文化假昼的宏夜；而本文中所谓的维希留的终结式的方法，则让人能以由城市静止或稳定性文化向大规模城市出走或逃离文化转变的角度，去对当今时期进行历史性的考察。这两种方法合并后即揭露了，在光之城中那些看似欲将全球性意外事件发生的可能性与技术文化假昼的关联分离开来的，实际上即是在全球社会中未知量的、与这种分离的欲望相同却更加深沉且持续的逃离城市的渴望。最后，本章考察了维希留对超级城市概念的引入，从而为了探讨广泛动员是如何

通过机动和加速化的时间频率或技术发展的变异，而蜕变为
"极端城市"中的反生态和逃离主义策略的。高位远郊城市
特征——由超级城市展示出来的超高层建筑——被认为并不
会给城市逃离的愿望带来可行的、技术上的解决方案，相反，
它其实是一种使之全球化的后水平建筑时期的手段。

伯纳德·屈米、灰色生态与远方的城市

　　1981 年，即在维希留《丢失的维度》出版的三年前，瑞士建筑师伯纳德·屈米写下了他的"异类宣言"（*A Manifesto of a Different Type*, Tschumi 1996b）。屈米断言道，"所有真正当代的建筑主题都将是使用方式、形式和社会价值的关联之间一连串的分离"（Tschumi 1996b: 190）。的确，屈米概括了一种从"巧合"（coincidence）的建筑文化向"运动与空间、人和物体之间非巧合"的建筑文化的转变。它的基本要素是"这些不同因素之间不可避免的对峙"，并因此产生的"影响的后果通常都是不可预见的"。于是从 1981–1996 年（他在此期间修改了他的"宣言"），屈米开始提出"一种不同的建筑解读方式，即空间、运动和事件之间原本都是相互独立的，但在建筑当中，便被置于一种全新的相互关联的关系当中"。同一时期，他在自己对建筑不同的解读中提议道，"构成建筑的传统要素"应当被"打破并按照其他轴线重构"（同上）。由此，当他修改后的"宣言"随后出现在维希留和帕朗的《建筑原则 1966 与 1996》（Virilio and Parent 1997a: 190-2）中时，屈米倡导的是所有建筑都应当源自渴望，而不是"功能价值"（Tschumi 1996b: 191）。尽管如此，屈米"宣言"的核心前提依旧是"只有空间、运动和事件这三个层面之间的关系才能创造建筑的体验"。那么我们应当如何解释屈米的这种显而易见的空间、运动和事件三个层面之间的分离呢？

　　同样重要的，维希留对屈米"宣言"或《曼哈顿手稿：理论课题》（*The Manhattan Transcripts: Theoretical Projects*）

和《建筑与分离》(*Architecture and Disjunction*)中包含的思想又给出了什么回应？与屈米所关注的建筑中"程式化暴力"和他对"过去人文主义计划"的质疑不同的是（Tschumi 1996b: 191），在笔者看来，维希留更坚定地关注人类存在与创造力的和平需求。维希留并不认为"负面"或"无益"的活动是一种可以建造奢华的超高层建筑的成功方式。他也不像屈米那样认为通过"对空间功能的不同解读"，"建筑的定义"便应当被"置于逻辑与痛苦、理性与悲恸、概念与愉悦的交点上"（同上）。屈米的建筑思路是为了提倡暴力或其他方式的分离，以及包含超高层建筑的当代临界建筑活动的反人文主义。但即便如此，屈米和维希留却都让我们从空间、运动和事件这三个层面之间的关系去思考建筑。他们的作品讨论的是空间的引入、运动，以及影响世界的建筑方案的事件或计划，"某些传统要素被打破"的思想，以及"在最多样化的——无论叙述性的、形式化的还是概念性的考量之后——让每一种新要素都能得到控制"的"分解"（Decomposition）方式（Tschumi 1996b: 191）。

相对于会聚焦在稳定性上的常规建筑论述，正是因为屈米和维希留对空间、运动和事件这三个层面之间关系的考量使他们的方法如此富有成效。相对于惰性，这些层面之间活跃的动态关系却是屈米和维希留皆感到最能充分代表他们建筑成就特色的事物。这或许看上去是一个显而易见的观点，因为在今天的计算机控制论（Cybernetic）的空间、加速，以及基于事件的互联网、谷歌和脸书文化中，虚拟位置、加速和事件本身就是一切。不过，依旧值得注意的是，当屈米在20世纪80年代声名鹊起时，他在建筑学上的主要关注点在于人类运动在历史中所留下的铭文式的记录——与维希留的关注点相似（见 Louppe 1994），这种关注与担忧通常是源自于编舞艺术的动作图解（Tschumi 1996b: 191）。此外，当他们谈论这三个层面之间的关系时，屈米和维希留都不只是在思考舞步本身，而是在思考那些试图抹除某种具有因果含义的铭文。而"这种因果含意可以被赋予在特定的人的行为之上"，在事件发生的空间中，"可以使关注点集中在他们在空间当中的运动本身所形成的影响之上"（同上）。

"屈米主义"（Tschumism）是一个为了详细阐述与屈米对空间、运动和事件的投入有关（但不一定限于此）的主导文化和建筑效应而创造出来的词。在 20 世纪八九十年代，直到 2010 年之前，屈米和维希留（1990）一样将他的智慧投入到对稳定性的持续批判当中。这类评论最初以系列文章的形式发表在《国际工作室》（*Studio International*）和《建筑设计》（*Architectural Design*）等艺术杂志和建筑期刊上，随后这些文章便被收录成两部关键著作——《曼哈顿手稿》和《建筑与分离》（Tschumi 1981 and 1996a）——同时，也被收录于其他一些相关书目中，如维希留的《事件的图景》（*A Landscape of Events*, Tschumi 2000）等书籍。这之后便是对维希留这三十年的争论中的贡献的概括——其中包括关于"屈米主义"的争论——他认为这段时间标志着当代全球空间、运动和事件性的一个历史转折点。

在这最后一章中，笔者不会简单地关注并阐述使维希留和屈米的建筑作品如此具有创意的因素。的确，屈米作为当今在巴黎和纽约都有事务所的前沿建筑师，相比之下确实更加备受仰慕。身为理论家、实践者和积极分子的屈米，他关于空间、运动和事件的理念被许多人认为是开拓性的。这不仅是由于它们频繁地借鉴了文学和电影的文化，还因为他的理念在许多创新性的设计中得到了实现。其中包括将在下文中讨论的巴黎的拉维莱特公园（Parc de La Villette），以及雅典的新卫城博物馆（New Acropolis Museum）。不过，下文的主要目标是明确到底是什么样的建筑环境催生出了维希留和屈米在建筑上的付出，以及我们可以从这些环境条件中学到什么。尽管他们对空间、运动和事件有相似却截然不同的关注点，但笔者认为维希留和屈米不单单是原创建筑师，更是对发生在建筑艺术和技术文化中全球变化的尖锐评论家。屈米和维希留的兴起得益于他们对那些不时具有创新性的方向、轨迹和变化的把握，而其他建筑师在很大程度上只不过是忽略了如编舞艺术之类的重要意义。1997 年，维希留在"灰色生态"的概念之下启动了一项具有潜在争议的课题（Virilio 1997f: 58-68）——与其说是一种分离的建筑，倒不如说是一种连结的建筑，并包含了若干具有屈米式逻辑与刻印的空间、运动和事件。灰色生态是一种以维希留早先对屈米式空间、运动和事件的批判为基础、并寻求对其超越的尝试。其目的在于为那些干预直面最近在物质、铭记、连续线性的体量，以及人体愈发技术化的轨迹和倾向上发生的历史变化的建筑师，提出一种替代性的建筑设计议程。在这最后一章的下半部分，我们将结合"超临界空间"的分裂与不稳定性、"全球超运动"的不一致性，以及活跃动态"超事件"（词义将在下文中解释）的不连续性来考察维希留灰色生态的课题，而以上这些性质及事件，则标志着维希留所谓"远方城市"中的极端行为活动的特征（Virilio and Armitage 2009）。

屈米主义

维希留与屈米部分的建筑成就在于他们能让我们从空间、运动和事件三个层面之间的关系来思考建筑。的确，同样也是维希留所关注的，在 20 世纪 70-90 年代间，屈米成功地提出了物质性与地点定位、边界、可分性和可延伸性的问题，并通过一系列最终集于《建筑与分离》中的论文进行了回答。比如，屈米在"空间的问题"中（1996a: 53-62）接连提出了 65 个问题，其中包括："空间是否为一个一切实物都可以在其中被确定位置的实体？"；"假如空间是一个实体，那它有边界吗？"；"正如每个有限的空间界限都是无限可分的（因为每个空间都包含更小的空间），那么一个无限空间的集合是否可以构成一个有限的空间？"；以及"在任何情况下，假如空间是物质的一种延伸，空间当中的一部分是否能够与另一部分区分开来？"因此，在这些早先的文章中，屈米坚持尝试通过以建筑作为行动和事件分离的空间的方式解决他自己所提出的这些问题。他在《建筑与分离》的"序言"中写道，"作为一个整体，这些文字重申了一点：建筑绝不是自主的，也绝不是一种纯粹的形式；同样地，建筑不是承载风格的物体，因此也不能被简化为一种语言"（Tschumi 1996a: 3）。从纯粹的建筑角度看，这本书反对"高估建筑形式的概念"。相反，它追求的是"恢复**功能**一词的意义；更具体的是，将身体的运动重新置于空间当中，并将其与发生在建筑的社会政治领域中的行动和事件相结合"（Tschumi 1996a: 3-4）。这本书与"形式服从功能或用途的过分简单化的关系"相去甚远，在任何意义上都不是一种对社会经济的宣传；通过对比和论述，其中的文字表明，"在当代城市社会中，形式、用途、功能和社会经济结构之间的任何因果关系都变得不可能且过时了"（Tschumi 1996a: 4）。

93

不过，在这个关于屈米主义的特定讨论背景下，进行这样一种论断或许有些不得要领。屈米没有从纯粹建筑的角度证明《建筑与分离》的合理性，而是像勒·柯布西耶的《走向新建筑》（2008 年）和罗伯特·文丘里的《建筑的复杂性与矛盾性》（1984 年）那样，以提出当今时期我们建筑状况的独特论述为基础的。这种对我们建筑状况的革新性解释是通过空间、运动和事件三个层面之间的关系来阐述的。在这个关系中，"现如今用途、形式和社会价值之间的分离"已受到一种状况的左右，但"它不是贬义的，而是高层'建筑的'"（Tschumi 1996a: 4）。屈米因此将建筑描述为"空间与行为活动令人愉悦、却又时而激烈的对峙"（同上）。通过此处对三个层面之间关系的讨论，屈米激起了一种对建筑空间的详细描绘方式。这种方式永久地结合了相互排斥或不一致的术语和功能，以及随之而得来的反抗意义：对建筑的享受作为与空间的邂逅，可以使这种感受与更为理论化的特征相联结。屈米为《建筑与分离》中文章措辞的盘问式的程式化用语，对于那些寻求挑战"美观、坚固、实用的古典三原则"的人产生了巨大的影响，因为他提出"将实用性的程式化因素拓展到事件的概念中去"（Tschumi 1996a: 4）。在《建筑与分离》之前将暴力与建筑，进而与空间同其中发生的事件之间有效且多元的关联结合在一起的想法若不是空前绝后，也是十分罕见的（Kenzari 2011）。在《建筑与分离》之后，屈米关于空间和程式的概念与"一种试图以实际建筑的形式来拓展这些理念的建筑实践"，或与成为"一种全新的、动态的建筑概念"（Tschumi 1996a: 5）联系起来。

在《建筑与分离》之后，屈米关于空间和程式的概念与"一种试图以实际建筑的形式来拓展这些理念的建筑实践"，或与成为"一种新的、动态的建筑概念"联系起来。

屈米拒绝一种鼓舞人心的观点，即他考察的重点是如灵光乍现一般的。事实上，他的研究是受到了 1968 年 5 月刊的《巴黎事件》(événements)的启发。最重要的是，这些观点是受到了其他众多如维希留这样的建筑师的支持的激励——他们曾与屈米一同在街上游行反对法国政府，他还关注"对一种可能改变社会并具有政治或社会影响的建筑的需求"(Tschumi 1996a: 5)。屈米在其为维希留的《事件的图景》所撰写的"序言"中，讨论了维希留从1984-1996年撰写的一系列文章，并指出"P.V.，即保罗·维希留，建立了我们当代社会的详记，即P.V.(procès-verbal)"(Tschumi 2000: viii)。屈米到底是如何可以做到成功地理解P.V.(因为在法语中是非正式提及的)的语言以及他对当代社会的详记……并从而得以为维希留的城市编年史、期刊文章，还有他对后现代事件与他对军用和民用技术、速度和技术文化变革的描述进行导读的？这是否只是这些理论的简述的突发事件中的极端情况？还是它仅仅是这些首字母意外事件的极端情况呢？维希留没有被建筑哲学的惯性方法说服，因为其中支配性静止的建筑文化否定的不仅是事件所发生的空间中的运动，还有今天已经发生的各种不幸——从对超高层建筑的轰炸(可能暗指911事件——编者注)到中东的城市战。屈米认为维希留的成就并不在于他可以提出让我们可以用来考察当代社会中重要的结构与设计导向的改变的、具有综合性与说服力的建筑思想技巧的能力。相反，维希留探究中措辞不断为屈米揭示出的是一种对当代与空间相关的、时间性所表现出的、在本质上**解构**特征的强调。

在同一篇文章中，屈米集中讨论了维希留现有文章中突出的"斡旋闪电战"，而这在他看来是维希留对"时间加速的加剧式分析"的涉入且现已存在他的作品当中(Tschumi 2000: viii)。相应地，屈米将维希留的分离建筑及其与空间、运动和事件三个层面的关系，视为同他自己建筑思维模式的主要立场完全一致。屈米将我们的建筑状况描述为一个空间逐渐被时间压垮的状况，同时将这种建筑理论的思路解释为对社会正在变为一种局限于时间功能的认同。通过这个描述，屈米指明了维希留和他本人是如何以对"时间段"（Duration）、即"实际上是许多同时发生事件的结合"的研究为基础，并通过这个过程，而使他们对未来的预见被证明是合理的。例如，它结合或表达了先前现世主题与纪念性论述，比如政府中的紧急情况呢？如屈米所述，社会正在变为完全的时间功能，而这可以被描述为对加速并最终消除长期这一概念的尝试。当然，这种尝试将社会简化为了一种超现代军事 –工业综合体的特定的加速版本，而矛盾的是，其方式是通过同样加速版的"反应时间"去解构地域、政治空间和围墙。而这个反应时间"必须实现控制化才能应对决策前所未有的不断加速"（Tschumi 2000: ix）。在屈米看来，维希留的成就在于他能够以他自己的建筑思想风格表达解构性论述。而屈米对此的解释是，维希留具有在表面上看似不可预测且混乱的建筑哲学中表达碎片化、扭曲和错位且不着边际的思想的天赋与才能。这种对解构性论述的提炼与结合在维希留无法否认的、屈米最精妙且最有影响的建筑作品，即"巴黎的拉维莱特公园（1982–98年）"上得到了最突出且充分实现的一种表达。

96

亚历山大·艾森施密特（Alexander Eisenschmidt）在同屈米的访谈中讨论了建筑的极限及其与城市的关联（Tschumi and Eisenschmidt 2012）。访谈的其中一部分研究了屈米赢得的 1982 年拉维莱特公园国际竞赛，而这让他能够以建成实体的形式来实践他解构的建筑思想。在访谈中，屈米特意详细分析了这个项目本身，以及它被延期搁置了四年多并在 1988 年恢复建造的状况，并以此来描述他眼中拉维莱特公园的多个决定性特征。

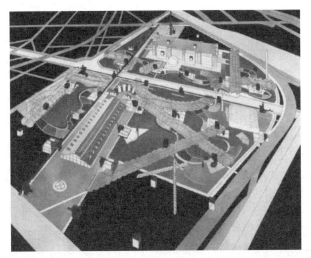

图 11　伯纳德·屈米，拉维莱特公园，巴黎，法国（1982-1998 年）

图 12　彼得·莫斯 / 埃斯托（Peter Mauss/Esto）摄，拉维莱特公园，巴黎，法国（1982-1998 年）

　　拉维莱特公园的项目，通过屈米本人手绘的一系列草图而得到的分层的效果（Layering Effect）而使得结构的思想得到了发展。而这些草图帮助屈米思考了可以将城市根据人的运动来排布的各种方式。这样屈米的拉维莱特公园就从一种号称以自然为基础的建筑，转而成为一种明显以城市为基础的建筑。为挑战当时与 20 世纪 80 年代历史文脉相关的后现代主流论点——当时许多建筑师试图恢复现代化之前城市的氛围（比如 Rowe and Koetter 1978）——屈米提议了一种现代化的城市公园。按屈米的理解，且可以从拉维莱特公园的图纸和照片中看到（分别为图 11 和 12），这座公园在某种程度上也是对勒·柯布西耶 1925 年巴黎瓦赞规划（Plan Voisin）中点状格网概念的一种尝试性演绎（例如 Fishman 1982: 205-12）——只是在截然不同的一个层次之上。

与勒·柯布西耶提出的位于塞纳河右岸的规则正交格网不同，屈米的拉维莱特公园试图研究"20 世纪初先锋派最具挑战性的探索之一，即提议应当区分定义空间与激活空间之间的区别"（Tschumi and Eisenschmidt 2012: 133）。屈米补充举例，认为在这里他"想要的是可以激活空间并产生能量的物体——它们甚至能形成磁场"（同上）。拉维莱特公园并没有单纯通过物体本身来调动建筑——在这个背景下，屈米小心地区分了空间**中**的物体与**激活**空间的物体——而是进一步通过公园自身对反对场地周围发生的事情的抵抗力来实现调动。

据公园周围发生的事来看，例如，组织性的点状格网通过对解构的非程式化空间和并置，线条（例如线性步行道）、层次、点（例如解构的红色"小品"）的碰撞，以及拉维莱特公园中各个博物馆、会堂、草坪和花园的碎片的摆弄与玩耍，找到并引入了一种共同性（Commonality）的概念。那么，屈米关于空间、运动和事件三个层面之间关系的观点就不是简单地出自《曼哈顿手稿》和《建筑与分离》。而是说，他的立场还出自他对一系列事物的着迷：即对"城市的相邻系统和层次"、"破碎的建筑要素互文关系的定位"，以及"空间中接连发生的事件"和"由它们引发的活动"的着迷（例如 Mallgrave and Goodman 2011: 138）。

屈米颇具影响力的拉维莱特公园的关键因素，帮助解释了为何他没有将其视为任意一个可以遇见的事件，而是一个**必须在指定状况下发生的事件**。

屈米从他自己对他与维希留对解构特征的研究方法的认识中汲取并运用到建筑当中的经验是：看上去稳定的空间条件已经将其自身变为不稳定的解构事件。屈米提出的看法是，并不存在建筑师可以（再）创造出稳定的空间条件——即使曾经有，如今也不复存在了。或许有些建筑师会对这个立场持批判意见，认为它抛弃了建筑现实以及建筑师将创作条件以空间性为主的传统手段。尽管如此，屈米依旧认为他（和维希留）的观点并不是抛弃了建筑环境与条件，而是承认了稳定不变的空间状况假设的终结。如屈米所说："在维希留的全球时间的空间中，景观成为纯粹轨迹组成的随机网络，这些轨迹偶然的碰撞暗示出一种可能存在的地形：这边是顶峰，那边是深渊"（Tschumi 2000: ix）。

> 屈米提出的看法是，并不存在建筑师可以（再）创造出稳定 99
> 空间的条件——即使曾经有，如今也不复存在了。

屈米在这里的立场体现出对他早前在 1980 年代的"异类宣言"、《曼哈顿手稿》和《建筑与分离》中对建筑决定论的批判的延伸。假如建筑的基础在任何直接的意义上支配着建筑物的稳固的空间结构设计，那么为何像屈米和维希留这样的建筑师关注的却是不稳定性、解构事件和时间现实的加速呢？

屈米认同"建筑师必须学习维希留的经验"的观点。屈米对城市与建筑的分析，以及维希留以建筑的思路去思考"碰撞""公众媒体与政治""大众和技术文化事件"的方法仅代表了屈米课题的一部分；而这整个课题同样关注于价值评判危机的争论，在这个评判中这些分析和思考方式脱离了建筑本身，以及最重要的、建筑师对此可以采取的行动。屈米在本质上给他的读者提供了两个清晰的选择。建筑师要么继续诉诸想象中稳定的空间状况，要么以勇于直面当代建筑与文化的转变、能应对今天反复无常的空间状况的方式来取代常规建筑，并以这种努力来展望何为维希留所谓的"灰色生态"（Virilio 1997f: 57-67）。

"灰色生态"

通向维希留事件场景中生活的漫漫长路的第一步便是需要向维希留和屈米二人学习，同时不能将环保主义者和生态学家应予注意的物质的污染作为唯一污染形式。"灰色生态"
100 是对理解当代社会空间、运动和有影响力的事件形式的一种尝试（Virilio 1997f: 58-68）。这种尝试包括了诸如理会"对时间长度与延伸的**距离**的突然污染使我们生存环境的范围大幅度缩减"等问题（Virilio 1997f: 58）。而这种探索并不是为了劝说常规建筑师再现或复制维希留或屈米的逻辑。相反，其意图是为了说服他们认可并回应维希留灰色生态的理论。维希留灰色生态的课题在 1997 年通过他《开阔天空，灰色生态》一书中的关键章节"灰色生态"正式发表。（Virilio 2009b）这本书收录了维希留的三次访谈和多位评论家的五个批判性的回应，同时这本书中所收录的内容也对维希留的早期文章进行了修订和更新。由胡贝图斯·冯·阿梅隆克森（Hubertus von Amelunxen）和德鲁·伯克（Drew Burk）

作序的《灰色生态》不应当被解读为统一的"哲学"或形式完整的维希留式立场或正统观念，而是应当将其看作把维希留科技艺术的批判性作品按照发展过程熔于一炉的长篇访谈。

或许对维希留灰色生态课题最恰当的理解是将其作为一种鼓励传统建筑师关注"将地球尺度和大小的意义剥夺的**实物尺寸**（life-size）的污染"（Virilio 1997f: 58）的尝试。在维希留看来，这是关乎于直面自然中的历史转变、人类群体的亲近性以及21世纪生态问题的重要课题。维希留从专业的角度演绎了他灰色生态的概念，并部分地探讨了常规建筑对不走出绿色生态不情愿的态度的关系。维希留争辩道，灰色生态在本质上与绿色生态不是完全**对立的**。相反，维希留和屈米等建筑师都想要采用绿色生态中具有惩罚性结果的担忧以及其与自然的关系与投入，将这些适应到灰色生态当中去。因为确实按照维希留的看法，"城镇的人造环境"破坏了"存在的有形邻近性"。此外，他坚持认为在"城镇各部分毗邻的街区"的近乎于自然邻近性与"电梯、火车或汽车的'机械'邻近性，以及最后、也是最新的，与即时通信的电磁邻近性"（同上）之间是存在差别的。这样一来，对实物大小景观污染的思考就不是反对绿色生态或放弃地球，而是**为了**绿色生态、**为了地球**而开始**恢复的**、我们有形的亲近性和毗邻的社区。它是要将灰色生态呈现为一种补充性的，甚至是比绿色生态至今所带来更加有益于人与人之间交流的、更加人道的生态环境。

那么"灰色生态"准确的意义究竟是什么？维希留提及机械邻近性和社交性的言下之意即是对媒体的批判，以及对分析他所谓的"**媒体呈现**的空缺"的呼吁（media-staged gap, Virilio 1997f: 59）。这是一个由加速信息和通信技术带来的空缺或空间，其中仅包含电视播放的事件或技术意义。因此，维

101

希留将媒体呈现的空缺设想为一种特殊的空间，而其技术含义必须与反绿色和反灰色生态的主流论述脱节，比如"可视电话、传真、家居购物、性热线"中的技术含义，需要重新通过绿色生态和灰色生态的论述进行阐述。灰色生态没有一个固定、最终的空缺或空间，让我们可以阐释世界中空间位置、运动或事件性的单一规范定义。意义并没有嵌在灰色生态中；它是由进行表达和"呈现"的人在社交的过程中"自然而然"地创造出来的。如果灰色生态在任何情况下描述了一种有争议的空缺空间，即一个持续纠缠与斗争的场所，那么这一定是一个在本质上既不是非社会性又不是反社会的，并且还是缺少物质或非物质的时空维度的。

然而，灰色生态所标识的不仅是时空在社会和技术观念上的困难和挣扎；它还记录了一个历史变化，而这些概念正是变化后的一种回应。这也就意味着灰色生态的概念不能仅仅表示我们希望它所具有的含义。维希留表示，这个概念显示出当代社会和技术空间、运动和有影响的事件中大量的转变。在笔者看来，这些转变与笔者所谓超临界空间、全球超运动和超人类的运动——或笔者在这里更愿意称为，也可能是更恰当的"超事件革命"的到来是联系在一起的。

临界与超临界空间

在第 3 章中已经看到，维希留在 20 世纪 80 年代铸造了"临界空间"一词。它所表示的不仅是供我们自身定位的空间、身体和精神的领域，因为，如维雷娜·安德马特·康利（Verena Andermatt Conley）（2013: 55）所写，空间"调动"的不只是"维希留关于我们世界状况的许多反思"，还有他的评价——"笛卡尔哲学所谓的广延物（res extensa）的

102

概念并不适用于当代生活"。因此，"由被迫迁移的状态所决定的"空间当前"无论是凭借或是**作为**空间本身，都是可辨别的"（同上），而维希留将空间作为加速和惰性的共同产物。于是他空间加速的构想也因此使他得以将空间表达为一种矢量，而这个矢量的空间可以作为一个被施加了许多作用力而移动的物体。维希留关于临界空间的作品利用了他在《丢失的维度》（Virilio 1991）中的发现。即他依据将地球展示给其居住－观察者的光的传播与辐射之间的关系，证明了科技模式和感知的逻辑不断增加的重要性。然而，维希留在《地堡考古》（Virilio 1994a；见第 1 章）等多处作品中认识到，临界空间不仅对事物的感知有意义，而且它还为生活、战争思考，以及阐明我们对二战结束后在有生命的空间意识中发生转变的感受创造了新方式。

正如轴心国和盟军的武装部队所计划的，对铁路、高速公路和城市防御设施后平民居住区的空袭彻底毁灭了过去一战中多条前线上无法根除的防线。因此，临界空间与整个 20 世纪出现的新型空战有着紧密联系，特别是在原子弹问世后，因为它表明了从此以后战争将是全球性的。更概括地讲，20 世纪 80 年代以后，维希留将临界空间的社会文化影响（例如，对地上空间、人的主观性、存在的关系和城市的环境）与作为一种消失形式的、痛苦的空间产物联系在一起。于是被军事化的、关于人类存在以及技术的关系愈发成为我们所维系的、与主观空间联系的特征。此外，自从二战时对平民群体的袭击发生以来，一种加速的后勤散布的不仅仅是恐怖，还有全球城市运动的新状态——正如在第 4 章中看到的。比如，在《速度与政治：论时空压缩》（Virilio 1986）中，除去对人、动物、科技和信息的加速之外，维希留将加速的历史作为改变西方时空坐标系构想的特征继续进行了探索，直至一种新

103

的"丢失的维度"使空间树立已久的观念进入一个临界性的阶段并直至被消除。

当维希留于 1984 年在巴黎开始着手他关于临界空间的观点论述时，也可以说是他在西方建筑争论中最具说服力的时期，即 20 世纪 80 年代中期到 90 年代中期。因此临界空间便是指"（1）空间本身处于一种临界性变化的状态"和"（2）空间的概念本身，也处于一种即将变化的临界状态"（Andermatt Conley 2013: 56）。然而，随着事件的形势在 20 世纪 90 年代爆发，临界空间只作为一个"理念"对维希留来说似乎越来越难以作为对丢失的维度——空间的政治化的**唯一的**说明性概念，以及也难以作为关于过曝城市和在城市领域中一切边界的消失的问题**唯一的**具有批判性思维的理论方法。显然，至少维希留对临界空间中丢失的维度的关键说明性思想——即他对自动化的时间、我们日益加剧的被迫迁移、我们挑战了逃离这一概念本身且不断加速的运动进行的传播，以及我们将一切都变为"既已到达"事物的做法的强调——这一切都说明这些关键说明性的思想都是充满困难和纠结的。"临界空间"的灵活性不足以应对愈发多样化的空间和不稳定的全球"场所"。在其中我们会置身于缺乏场所的"空间"，那里的空间地标和时间距离的瓦解否定了场所的一切可能性。

笔者的"超临界空间"（hypercritical space）一词的含义出自维希留 20 世纪 90 年代的著述，并与他对传统空间和空间在地球上的生存方式（例如海洋空间）兴趣的明显丧失，以及与他对虚拟和电子空间（例如远程通信强烈的亲近性或设想中的"智能"与互联城市）关注的兴起相关。超临界空间与一种以"远距离活动的电信科技"（teletechnology）为前提的新时空的出现相关，并以此从根本上引入了一种全球

性的"城市生态"（Virilio 1997f: 59）。超临界空间的全球化特征在一定程度上是维希留语言中"世界－城市"的产物。更廉价的电信通信成本、"实地旅游"的兴起，以及同样重要的、互联网的"自缚与交互性"，用古代高卢－罗马人纳马蒂安努斯（Namatianus）的话说，这些已"将世界变为了一个城镇"（同上）。 104

维希留愈发意识到可以被我们称作后地球时期大气干扰（20世纪 90 年代以来发生的现象）的事物，促成了他关于"迫使我们以一种被生态学者全然忽视的全球性区域"的形式，记录临界空间后果的超临界空间的全球性的意识。

维希留指出，我们可以说世界－城市的效果之一就是城镇与乡村（城乡）不再对立。按照第三世界建立起来的一种先例，乡村——欧洲内部系统化了数百年的主导的历史空间形式——在全球化的背景下受到了"人口锐减的乡村空间如今已沦为闲置村落"的威胁（Virilio 1997f: 59）；它失去了之前作为生产性土地的意义，变得越来越闲耕且微不足道。城乡对立的终结不只是超临界空间（以其"人工的'智能'"和对城乡的漠然）成为主导的一种城市效应。维希留愈发意识到可以被我们作为后地球时期大气干扰（atmospherics，20 世纪 90 年代以来发生的现象）的事物，促成了他关于"迫使我们以一种被生态学者全然忽视的全球性区域"的形式，记录临界空间后果的超临界空间的全球性的意识。维希留举出了"**相对性（relativity）区域**"的例子，"即是指一种伴随着近期实现的电子辐射，由广播革命创造的距离与场所的新关系（Virilio 1997f: 60）。维希留认为，在这种科技和生态的全球变化环境中，我们愈发被迫承认城乡对立的终结是人类境况的灾难。 105

与超临界空间相关的科技和空间革新性正在逐渐取代在临界空间出现之前，与人类空间实践相关的世界中"实物大小"的闲置地区。例如，在今天，

> 面对着现如今已转化为一种抽象**空间科学**的衰落的地理学，以及伴随着旅游和大众通信设备的兴起而消失的异国情调，我们确实应当如各种事情都迫在眉睫般扣心自问：地理维度的含义与文化的重要性到底是什么。
>
> （Virilio 1997f: 60）

同样地，在 21 世纪地球的全部都已展露无余。地球的区域也愈发同质化；临界空间作为空间的技术工具化（表明人体对自然环境数学化的适应）被"**闭路连接**"（closed-circuit connection）（同上）所取代。闭路连接预示着"闭环连接"（closed-loop connection）的出现以及"一个已呈**环绕性**的世界的最终封闭成环——不仅是依据于周期性绕地巡视的人造地球卫星、更是倚仗于一整套电信通信工具"（Virilio 1997f: 61; 另见 2012: 95-116）。

这种对距离的污染的加剧不应简单地等同于脱离地域限制而获得的新自由（尽管某些评论家做了这样的类比）。比如，这"污染的最后形式"随之带来了一种新的"具体的现实"以及"对地理范围的污染"，威胁着"我们每个人拥有的现实感"和世界的含义（Virilio 1997f: 61）。它也侵蚀了世界的**完整性**——重力的一个关键特征，而这种完整性又同临界空间之前的世界联系在一起："在这个世界中存在一种可以同一时间赋予构成人类环境的物体以重量、含义和方向普遍存在的吸引力"（Virilio 1997f: 62）。维希留写道，"落体"的全球化"向所有人及事物展示出我们环境的**特质**、其特定的重要性"：

106

是对事物的**使用**界定出了地面上的空间、环境，我们无法跨越任何广阔的区域或任何（地理上的）"量"，除非通过或多或少持续性的（物理）运动、通过一种在旅途中获得的劳顿。而在这个旅途中，唯一存在的虚空因那种为了横穿它而采取的行动的性质而存在。

（Virilio 1997f: 62）

全球超运动

如果临界空间是与一种空间主导的——以经受折磨所得的产物作为一种消失形式联系在一起的——那么超临界空间也是，即作为一种极速形式的、历经折磨而得到的产物。如维希留所争辩的，对"更卓越的"全球超音速通信工具的倾向导致了**所有**传统城市、大陆和世界空间的垮塌。确实，这些工具引起了时空与电信科技功能的加剧，同时也引起了对世界-城市、**实时**电信通信的"地域"、相对性、时间距离和绝对速度的强调的加剧，因此笔者将它称为**全球超运动**(global hypermovement)。建筑越是被速度和时间的全球超运动以及被竞争的逻辑、被全球联网的极速与我们自身界限的超越所加速，世界空间就与具体的地理位置、广阔的区域、现实和传统含义愈发地分离，并看上去像是被技术简化为电磁波的速度。

共同的世界空间感与空间归属感，在"历经折磨而得来的产物"作为急速的这种形式中越来越难以维持，与任何灰色生态都相去甚远。维希留（1997f: 62）描述了全球超运动是如何为了通常围绕城乡、地球、重力和重量概念而组织起来的集合体而"消除了一切方向、并使地球的范围变得无边无垠"的。他在这里使用的"方向"一词非常重要。维希留不是简单地主张我们已经从一个安全、惰性的世界空间走向了一个不安且加速的世界空间。更确切地说他是在暗示世界空间正在逐渐向一个"新世界"屈服，而在那里"邻近性没有了未来"。这最后一个描述帮助明晰了维希留和屈米的解构建筑思路，就像从拉维莱特公园上所看到的，或许会在一个传统建筑师都会看似十分自信的惰性、迟缓的世界空间中兴盛繁荣，也或许不会。

超世界空间或超事件革命

　　超临界空间和维希留的理论以及与作为一种极速形式的、历经折磨的产物的联结，一同帮助阐明了为何笔者所谓的**超事件革命**（revolution of the hyperevent）与维希留灰色生态的理念是浑然一体的。临界空间先前各种模式的衰退，与空间、地域、定位和世界的传统概念逐渐苍白是密不可分的。其结果是由重力，或城市或乡村结合在一起的集体性文化事件而变得愈发不安和加速化的。随着超临界空间以新的方式对事件进行了重新排列，实时科技、交互式远程电信等一系列技术以愈发封闭的循环或局限的方式将人和事件连结——而它们相互连结而成的网络不必再根据城市或乡村的不同情况来建立，而是以令人眩晕的方式在全球发展。此外，历经折磨的产物作为一种极速形式，与在超事件的纪元中一切地点和定位的指示物的消失一同，都表明了不只是我们对世界空间的共同感受正逐渐退化，且正在变得无意义和不安。

　　此外，这种退化，以及无谓的挣扎和焦虑正在破坏形成**观点**（Point of View）唯一的可能性，并且还将一种新的**无观点的观点** (Pointless of View) 定义为超事件的革命。

"远方的城市"

在维希留的关注点之外,在像"灰色生态"等诸如此类的文章和"在那远方的城市"(Virilio and Armitage 2009)等相关的访谈中——即在笔者专门增加了标题的"超临界空间"和"全球超运动"中——我们可以断言这些并不能完全被接受为当代城市文化转变的说明性类别。在"远方的城市"访谈中,维希留再次表示,与其说他感到在理论上随波逐流,不如说是在理论上关注城市的未来。暂且不说他在二战时期的经历是否对他造成了精神创伤,但那段经历着实**早已**使他将自己作为"战争中的孩子"去思考问题,而这也使得他超事件的思想得到了升华与革新(见第 1 章),而为此,他在访谈中严肃地反思了全球超运动以及超事件革命相关理论的影响。由此,他便提出将关于全球超运动的问题作为一种全球状况。"我认为我们已经来到了城市的一个临界点",因为"非常简单,今天……信息和通信科技的实时性已经超越了城市的现实空间"(Virilio and Armitage 2009: 102)。而后他以一种类似的方式提出,全球超运动让我们意识到"地缘政治城市如今已走到尽头"(同上)。维希留在全球超运动上的困难在一定程度上与它未能考量的内容有关,即自身城市的未来以及作为大城市对"陨落 – 政治"的解构的话语权。这种话语权是基于"一种与信息和通信技术的直接性、普遍性和即时性相关的氛围政治"(同上)。值得注意的是,当他在"远方的城市"的访谈中提及当代社会理论家时,他甚至对著名的城市社会学家萨斯基亚·萨森(Saskia Sassen)没有任何赞许。而与萨森相反,维希留顺应了城市**加速**的逻辑;当代的信息、通信和技术文化始终是不断跟进的,因此它加速的世界使得世界 – 城市中的技术文化变得势不可当。而萨森(2001)在她的名著中将全球城市作为全球经济的指挥中心。

在维希留看来，超临界空间和全球超运动是一种**趋势**，而不是在表明一种绝对的分裂。要考虑"全球超运动"中的"超"（Hyper）与"灰色生态"中的"灰色"在它们语境中的差异。前者表明某些东西反应的过激；而后者表示，正如保罗·莫兰德（Paul Morand）在 1937 年所写，它象征了某些东西刚开始加速到颜色刚刚消失的阶段："当陀螺飞转时"，莫朗解释到，"一切都变成了灰色"（引自 Virilio 1997f: 59）。也如维希留所评论的，基于电磁波的信息和通信技术全球化的即时性、普遍性和直接性，以诸多方式皆成为临界空间的实质。同样地，即使超临界空间具有全球效应，它也是植根于临界空间的先进技术文化中的。因此维希留关于灰色生态的论述，便不是受到超临界空间和全球超运动所引发的问题严格支配了。或许他会说他的观点是我们还尚未抵达那远方的城市，甚至还相距甚远。

维希留的当代观点是我们倾向于过多地以与"极惰性"的关系思考全球超运动（Virilio 2000c）。这个状况词笔者已经在先前作过了解释，而当时的描述是"一种'状态'或'位置'，而处在当中的人不再是运动的物体，而是转变为静止的状态"（Armitage 2012: 161）。与他之前关于全球超运动导致不活跃甚至静止的推测相反，维希留争辩道，这个现象和实时交互的影响一直都具有高度破坏力。对维希留来说，全球超运动同时涉及不活跃性**和**"城市中那超凡缥缈的新'场所'"的创造；如他经常表示的，它需要与一种难以名状的"场所"达成妥协，这种场所将会侵蚀"所有我们先前对地缘政治城市的现实和物质性的理解"（Virilio and Armitage 2009: 103）。这样就不会有对城乡现实场所清晰可见的侵蚀；而是说，全球超运动推动了城市的去物质化过程，因为"地理"已经被维希留称为"迹理"（trajectography）的事物所取代了。对他来说，全球超运动包含一种同时涉及极惰性和逆理的双重运动。一方面，"物体稳定的惰性越来越多地被抛弃"；另一方面与此相关的是，我们正前所未有地沉浸其中的"无尽的加速轨迹"，而我们实际上"现已达到光速"（同上）。维希留认为这个解构的过程体现在"溯源性"上——即一种开始更多地由计算机追踪的监控的产物，它以电磁波为媒介而出现，并承载着名副其实个人的"牢房"电话（'cell'phone 译注：与手机一词同）'所要传达于我们的消息电磁波为手段（Virilio and Armitage 2009: 104）。当维希留（或屈米）谈到轨迹或运动时，他们往往是在提出一些问题，诸如"何为空间？"，"何为运动？"，"何为事件？"以及"何为惰性（或惯性）？"这样，全球超运动的进展产生出了一个运动的世界 - 城市。如我们已经看到的，也如屈米解释道的（2000: viii），这个运动的世界 - 城市是社会彻底成为"一种时间的功能"的过程中的一个重要因素。

维希留在"远方城市"中对新灰色生态的解释的卓越之处在于，他将全球超运动的问题以超临界空间的问题来呈现。的确，对维希留来说，"这里是些真正非同寻常的东西在起作用。而且无可否认的就是因为这个看法，从此以后，也像 20 世纪 60 年代英国建筑电讯派（Arcnigram）曾提出的，城市成了真正的'即时城市'"（Tschumi 2000: viii；另见 Crompton 2012）。虽然在先前我们已经理解的过曝城市，20 世纪 80 年代以来已经出现了许多重大的技术进步（见第 3 章），然而直到过去的十年，这种"即时城市"才快速地扩张起来（在一定程度上是因为前文描述的世界 - 城市的兴起）。而这不仅是由于缥缈的、近乎幽灵般的城市和"场所"的兴起扰乱了这一背景下先前固有的城乡概念，而且还可以归因于一个事实："地缘政治城市的结构正在被轨迹、加速，以及溯源性所示意的动作取代"（Virilio and Armitage 2009: 104）。我们要记住，对于维希留，监控不仅是通过大量自动成像技术流入并散布到世界－城市中而实现全球化的，而且还是通过笔者在其他地方称作"惧话"（terrorphone, Armitage 2014），也就是国家核准的通过手机对个人进行追踪的技术。

维希留认为，计算机成像技术的全球化不只是结合了由这些新的发展而开发的追踪技术。因为电子成像技术要通过和围绕"即将来临的三千到四千、甚至五千万居民的特大城市"才能发挥作用，而那"是远方城市真正的未来"（Virilio and Armitage 2009: 104）。例如，维希留争辩道，正在形成的世界－城市不再是以曾经强大、曾经起主导作用且曾经颇具未来主义色彩，如今却已衰退的临界空间纪元与世界空间来临之前时代的过曝城市为基础的。然而，与世界空间并行的是传感器、摄像头和像手机这样可以感知定位设备的全新未来。基督教救助会（Christian Aid）和联合国等非政府组织最近提及了未来七千万人的特大城市，例如 50 年后的新德里就会是其中之一（同上）。近来特大城市的出现和地缘政治城市的终结——实际上它们的消失——是非政府组织时代的一种标志。这里，"即时电磁城市"和以电磁波、以全球超运动和惰性，以及以信息和通信技术的直接性和普遍性为基础而建立的城市的出现，都已经成为最新的发展，而这些都早已被维希留洞悉（同上）。一些曾经习以为常的时间和空间常见现象，从夜空和以人为中心的地平线（编者注：地心说）到日出日落（编者注：日心说），在世界－城市之前出现的世界，都在重构并被改造为交互式的即时城市。维希留并没有错将这种对追踪技术的新兴趣作为反乌托邦的无场所性，即使是，比方说世界－城市的概念和不断演变的事实也已废除了首都城市的根本概念。但他的确说过"实时信息和通信技术对现实空间的压迫……是

史无前例的决裂，同时也是 21 世纪重大时空转变之一"（Virilio
and Armitage 2009: 104）。世界 - 城市可以通过追踪技术来
运转，但那些技术也会被吸收到虚拟场所主导的文化中，同
时也会使我们无法看清我们曾经真正居住过的城市日益加剧
的消失。正如维希留所强调的，一定要记住我们面对的不仅
是手机的新未来，还有手机的**屏幕**——而它在弥补我们前所
未有被错位的存在。

一些曾经理所当然的时间和空间常见现象，从夜空和以人为
中心的地平线到日出日落，所有在世界 - 城市之前出现的世界，
都在重构并被改造为交互式的即时城市。

维希留还谈到同样重要却各不相同的各种科技发展也在
不断涌现，通过城市以及至关重要的**有形**（Corporeal）技术
轨迹，从一种不同的视角表述全球化、程式化的成像技术道路。
这些超事件象征着另一种通过观看手机屏幕而所处的有形"场
所"、一种在谈论到我们身体和生命的内容时，可以发言的另
一种"场所"。而这个场所正在逐渐与我们先前在地缘政治城
市中的住宅和生活渐行渐远。维希留的访谈随后继续思考了一
个问题：作为一种**新形式城市**，加速化的世界 - 城市中的这些
不同因素是如何产生了今天**处处为家**的"后 - 久坐"（post-
sedentary）男女——而这与屈米"当代社会完全成为一种时
间功能"的观点十分吻合：

> 不论我们坐在火车还是飞机上，都无关紧要了。"感
> 谢"手机革命，因为它使我们居住的"场所"如今已是
> **无处不在**的了。但就像游牧民族一样，**哪里都能是我们
> 的家**，而哪里却也**都不是**。而且我认为，它看上去彻底

偏离了正轨。

（Virilio and Armitage 2009: 105）

这里描述的人类境况的灾难与本章开头讨论的维希留和屈米同当代空间、运动和时间联系起来的灾难是相似的。我们对灰色生态的需求源自对新追踪技术的接受和手机所带来的**无场所性**。如今我们可以说是无处不在、云游八方、四海为家，然而却依旧居无定所。我们如今正迂回甚至**偏离了正轨**，却仍陶醉于作"偶然的编舞者"（同上）。正是这个将世界的空间作为即时电磁城市的观点，正在成为维希留关于笔者所谓超空间、超运动和超事件革命论述的主导。

改变思路：灰色生态与当代世界城市的问题

维希留坚持认为，在 21 世纪，如果建筑师继续以原来的老方式思考和行动，建筑就无法再生；而改变必须以他们吸取维希留和屈米的经验为开始。新千年以来，在维希留和屈米的影响下，如尼尔·利奇（Neil Leach, 2000）和亚当·沙尔（2011）等青年建筑师，以及马里·伦丁（Mari Lending, 2009）、李·斯蒂克尔斯（Lee Stickells, 2010）和安妮特·斯瓦内克林克·雅各布森（Annette Svaneklink Jakobsen, 2012）等建筑学者，都很好地吸取了那些经验。以建筑原则工作室、彼得·卒姆托（Peter Zumthor）的建筑、屈米的雅典新卫城博物馆、斜表面的创新性建筑理念，以及作为过渡地带的灰色空间（In-Between）、运动和事件的体验为中心，这些建筑学者都非常清楚介入世界－城市争论的重要性，而这对于维希留和屈米的视野来说是至关重要的。不过，在维希留

113

看来，时至今日，与其说这些争论是为建筑学构建灰色生态的努力，倒不如说是在鼓吹视听物的时空领域。在手机的时代，维希留谈到了行人对面前的一切视而不见的危险。他对当代手机使用作出一针见血的评述已不是第一次。在他2009年"在那远方的城市"的访谈中，维希留问道："这些手机的使用让我们看到了当代城市的什么？"（Virilio and Armitage 2009: 105）作为远方城市的建筑学者，这要由我们去寻找这些问题的答案。

最后一章开篇强调了屈米"异类宣言"中对通途、形式和社会价值之间的分裂——以及他建筑思考方式的成就，即笔者称之为屈米主义的概念。通过空间、运动和事件这三个层面之间关系的实例，我们注意到了在屈米受维希留影响的建筑思维模式中的一个关键要素：空间正在逐渐被时间压制。屈米从空间、运动和事件这三个层面出发的中心论点是：与维希留非常相似，他本人的建筑论著是一种以社会正完全成为时间功能为特征的解构课题，而这在屈米的巴黎拉维莱特公园中得到了印证。我们深入思考了解构建筑思想所暗示的，即为了理解虚伪的、看似稳定的空间状态成为愈发不稳定的解构事件，而这些即是屈米和维希留都认为是传统建筑师未能充分考虑的。

在本章的下半部分，我们讨论了维希留灰色生态的课题，以及为了使建筑师们关注实物大小事物的污染的呼吁，那种污染正在使地球的尺度和大小化为零。维希留认为他的回应本质上是针对我们自然环境中的历史变化、人类群体的邻近性，以及21世纪生态，而在他的灰色生态中没有任何东西是与绿色生态的本质相对立的。通过对超临界空间和全球超运动的论证，我们考察了维希留对全球超运动的立场及其对于超世界空间时代建筑的含意。在任何地方的人，只要是对全

114

球超运动作出了反应，即是对物体的惰性的拒绝或反抗，同时也使我们陷于如今已接近光速的无限加速的轨迹中。而维希留提出了将世界空间作为即时电磁城市的、更具批判性的建筑表达方式，并以此回应我们对灰色生态的显著需求。

总之，需要强调的是，维希留关于灰色生态的论述以及城市也已经被证明是有争议的，并遭到了很多人的批判，比如来自文化地理学领域学者：奈杰尔·思里夫特（Nigel Thrift，2011）的评价。思里夫特对维希留的课题有很多质疑，但我们只着重讨论其中的两个。第一，他认为维希留毫无根据地强调了城市是没有形状的聚合物。第二，也是与此相关的，他认为维希留极力弱化了普通人群不可削减的密度和特性，而这不可能只单凭宏大的理论来阐释。所以对此，我们只能等待，看维希留是否会在其未来的著作中对这些批判作出回应。

延伸阅读

维希留关键文献的英译版遍布各处。他英文专著的主要（如果不是完整）书单以及大量英文的文章、访谈和二级文献的目录可以见笔者编辑的《维希留辞典》（Armitage 2013）。

对于希望深入研究维希留建筑思想的读者，有大量文献可以参考。笔者编辑的《保罗·维希留：从现代主义到超现代主义与未来》（*Paul Virilio: From Modernism to Hypermodernism and Beyond*, Armitage 2000）包含了尼尔·利奇写的"维希留与建筑"。笔者编辑的《维希留直播：访谈选集》（*Virilio Live: Selected Interviews*, Armitage 2001）下卷（"论建筑"）包含恩里克·利蒙（Enrique Limon）写的访谈"保罗·维希留与倾斜式"和安德烈亚斯·鲁比（Andreas Ruby）写的"轨迹的时间"。笔者编辑的文章《如今的维希留：维希留研究的当下视角》（*Virilio Now: Current Perspectives in Virilio Studies*, Armitage 2011）中有亚当·沙尔的"烧掉布鲁德·克劳斯（Bruder Klaus）：走向滑流建筑"，论述的是维希留和瑞士建筑师彼得·卒姆托。

在建筑学之外，还有笔者的专著《维希留与媒体》（*Virilio and the Media*, Armitage 2012），内容是维希留关于美学与电影、战争、新媒体和城市多元、成果丰硕的概念。或许关于维希留与艺术和图像关系最好的研究合集是《维希留与视觉文化》（*Virilio and Visual Culture*, Armitage and Bishop 2013）。供稿人是媒体和文学理论家、艺术家以及批判和文化理论家，他们揭示了维希留关于绘画、感知和时间的理论思想的复杂性。

詹姆斯·戴德里安（James Der Derian）编辑的《维希留读本》（*The Virilio Reader*, Der Derian 1998）和史蒂夫·雷德黑德（Steve Redhead）的选编文集《保罗·维希留读本》（*The Paul Virilio Reader*, Redhead 2004b）通过电影、军事冲突和 20 世纪历史，按时间记录了维希留作为建筑师和城市研究者的事业。这两本书都将维希留的哲学放在法国思想的背景下，并呈现了对他理论著述的研究，以及它们与建筑学的关系。

法国学者同样使用维希留的著作。其中对法国的学术研究有特别价值的是伊恩·詹姆斯（Ian James）苛刻、却令人满意的专著《保罗·维希留》（*Paul Virilio*, James 2007），这是该领域首选的权威文献。

最后，史蒂夫·雷德黑德的专著《保罗·维希留：加速文化的理论家》（*Paul Virilio: Theorist for an Accelerated Culture*, Redhead 2004a）概括了维希留文化理论著作中重要主题。雷德黑德高度评价了维希留关于速度、现代性和意外事件的哲学论述。

索引

右侧页码为原书页码。

space/virtual space divide 现实空间 / 虚拟空间分离 53-5; reception vs perception 接受与感知 56-9; transformation of matter into light 物质转化为光 56-9; unity of time and place 时间与场所的统一 50-3

译后记

2018 年 9 月 10 日星期一，"9·11 事件"纪念日的前一天，维希留与世长辞。两周后接受了翻译这位法国建筑哲学家读本的工作。心中不禁感慨时光飞逝、岁月无情，由此也更希望他关于战争、速度、技术的哲学思想能给世人带来深刻的启迪。

维希留并不是一位科班出身的建筑师，而这或许也是他的哲学思想对建筑学更具启发意义的一个原因。他对建筑的考察在很大程度上都不是从传统的艺术和设计角度出发的，并且随着时间的推移，又不断对自身的思想进行批判，选择新的研究视角，充分体现出理论研究的自我否定精神。

从童年战争创伤的感受出发，维希留在对社会动荡和施佩尔所谓建筑"遗迹价值"的反思中，对没有建筑师的"粗野主义"建筑——地堡进行了考古，而后提出了"倾斜建筑"的概念。这是对建筑常规意义上的垂直和水平维度的一种否定，它改变了人们对于三维建筑空间中表面的认识。此后，维希留探讨了建筑表面定义的变化，即它作为沟通现实世界室内外的界面（如框景窗）变为连接现实与虚拟世界的界面（如建筑立面的广告屏）。进而他提出了现实空间与虚拟空间的分离：一方面人们"画地为牢"，将自己囚禁在现实空间中；另一方面人的活动变为电子设备上的各种点击，而空间拓展到电磁信号可以达到的任何地方——有形的空间已然转化为"光"，成为关于存在本质的现代阐释。

蜗居在高层建筑空间中的人，安于种种通向虚拟空间的界面，与现实空间隔绝开来，依靠褪黑素等现代药物，沉醉于消除了一切时间和空间距离的"假昼"，夜以继日地生活。维希留看到，现代的技术和机器不可逆转地改变了时间和空间距离的意义，颠覆了几千年来传统城市和建筑的空间模式，创造出一个无限"加速"的世界——由于时间和空间被技术压缩，"远期"的概念甚至被消除。尽管维希留提出了两个世界、时间与场所统一性重建的问题，但"空间"的未来似乎已然被技术的巨浪卷向了一个任何人都无法预见的方向。正如文中所写：手机的无场所性让我们无处不在、四海为家，却居无定所（维希留还特别提到了手机改变人的世界、特别是对青年的危害）。

在此感谢中国建筑工业出版社的李婧老师和吴尘老师的关照，让我们有机会再次登上建筑哲学的航船，去经历一次开拓视野的思想之旅。感谢我的家人，为我建筑理论的长期翻译创造了良好的环境。最后要感谢每一位读者的支持和肯定，译介的目的就是要为我们建筑实践的发展提供不断自新的理论基础。

己亥清明纪